国家十二·五重点图书

海洋平台随机动力响应分析方法及智能控制技术

嵇春艳　著

上海交通大学出版社

内 容 提 要

本书系统介绍随机波浪作用下,海洋平台动力响应分析方法及智能控制技术的相关理论、数值仿真方法及模型试验技术。全书包括随机波浪荷载及数值仿真方法、海洋平台随机动力响应分析、智能控制基本理论、海洋平台智能控制系统设计方法、海洋平台智能控制技术应用实例分析、海洋平台振动控制模型试验设计原理、导管架海洋平台振动控制模型试验研究、自升式海洋平台振动控制模型试验研究等内容。

本书可供从事海洋平台动力特性分析与校核、海洋平台减振设计的工作人员参考,也可作为高等院校船舶与海洋工程、海洋工程与技术、土木工程等专业高年级本科生和研究生的教学用书,对广大从事动力学、振动控制技术的科研人员也有较大的参考价值。

图书在版编目(CIP)数据

海洋平台随机动力响应分析方法及智能控制技术/
嵇春艳著.—上海:上海交通大学出版社,2013
ISBN 978 - 7 - 313 - 09122 - 2

Ⅰ.①海… Ⅱ.①嵇… Ⅲ.①海上平台-动力系统-
智能控制-研究 Ⅳ.①TE951

中国版本图书馆 CIP 数据核字(2012)第 247138 号

海洋平台随机动力响应分析方法及智能控制技术
嵇春艳 著
上海交通大学出版社出版发行
(上海市番禺路 951 号 邮政编码 200030)
电话:64071208 出版人:韩建民
浙江云广印业有限公司印刷 全国新华书店经销
开本:787 mm×1092 mm 1/16 印张:14.25 字数:274 千字
2013 年 3 月第 1 版 2013 年 3 月第 1 次印刷
ISBN 978 - 7 - 313 - 09122 - 2/TE 定价:68.00 元

前　言

　　随着人类对油气资源需求的日益扩大以及陆上油气资源的逐步枯竭,海上油气资源的开发正越来越受到各国的重视。作为海洋油气资源开发的基础性设施,海洋平台的数量急剧增加。这些海洋平台体积庞大、结构复杂、造价昂贵,特别是与陆地结构相比,它们所处的海洋环境十分复杂恶劣,风、海浪、海流、海冰、潮汐和地震等灾害时时威胁着平台结构的安全,尤其在极端海况中,波浪载荷作用下海洋平台结构的大幅振动和冲击载荷作用下的结构动力放大效应更为剧烈,平台结构的安全性受到严重影响。因此,开展海洋平台结构振动控制技术的理论和试验研究,对延长平台结构的疲劳寿命,提高平台可靠性,改善平台工作人员的舒适感,有效地减轻飓风、巨浪等灾害造成的严重后果具有重要的现实意义和实用价值。在这个学科领域,我国目前还缺少专门针对海洋平台智能控制技术的专业书籍。本书的出版,希望能够对我国海洋平台智能振动控制方法研究、智能控制系统的优化设计、理论和试验研究、教学和科研等起到促进作用。

　　从海洋平台在环境荷载作用下发生动力响应的物理过程来看,是以环境荷载作为输入,动力响应作为输出;而对于控制系统设计过程而言,是以平台动力响应作为输入,控制系统施加控制力作为输出;从控制系统减轻平台振动幅度的过程来看,是以控制力为输入,平台动力响应为输出。因此,为了读者能更好地把握本书的系统性和逻辑性,更直观地理解和接受,本书采用从不同阶段输入—输出关系进行描述,即从环境荷载、平台动力响应、控制系统设计到控制效果理论分析和试验验证为主线进行渐近式展开。

　　按照上述思路,本书第 1 章为绪论,对结构振动控制技术的分类及各自特点、海洋平台振动控制技术研究及发展、智能控制技术研究进展及其在海洋平台中的应用、海洋平台振动控制研究中的若干关键问题作了全面的论述。

　　第 2 章介绍了线性波理论、斯托克斯高阶波浪理论、随机波浪理论,并给出了分别基于线性波理论、斯托克斯二阶波理论随机波浪力的时域和频域的数值仿真方法，为后续计算海洋平台动力响应分析提供荷载输入的计算方法。

第3章采用有限元方法建立海洋平台的数学模型，结合第2章所建立的随机波浪力计算公式，推导出广义随机波浪力的时域计算公式及频域谱密度函数的表达形式，在此基础上，分别从时域和频域进行分析，推导出海洋平台在随机波浪荷载作用下的动力响应计算公式。分别以导管架海洋平台、自升式海洋平台为计算实例，分析在不同海况参数、不同浪向的随机波浪作用下，这两类海洋平台的振动特性，为后继的控制系统设计提供动力特性输入的计算方法。

第4章主要介绍了智能控制的基本理论。包括智能控制的国内外当前研究进展、发展现状及未来发展趋势，重点介绍了当前广受关注的磁流变阻尼器、压电材料以及智能控制方法的发展及应用。在智能控制方法中详细介绍了模糊控制方法和神经网络控制方法的基本原理，为后继海洋平台智能控制系统设计奠定理论基础。

第5章重点论述了海洋平台智能控制系统设计方法。在给出海洋平台智能控制系统设计流程及工作原理基础上，分别建立了单自由度、多自由度海洋平台振动控制方程，以模糊控制方法、神经网络控制方法为智能控制方法建立了海洋平台智能控制力的最优计算方法。此外，以当前应用广泛的智能控制装置—磁流变阻尼器为研究对象，建立了控制系统的优化设计方法，给出了当控制器在出力受限情况下的设计准则，并提出了在控制系统实际应用过程中动力响应测试系统的设计原则。

第6章是海洋平台智能控制技术应用实例分析。分别以导管架平台、自升式海洋平台为应用实例，进行了模糊控制方法、神经网络控制方法对上述两种类型平台进行控制的实例分析。分别将上述两类平台简化为单自由度、多自由度进行智能控制系统的设计，比较了控制效果的区别并对智能控制系统对波浪参数、结构参数变化时的鲁邦性能进行了详尽分析和数值仿真，同时在智能控制系统控制效果的特点方面给出了一些有益结论。

第7章给出了海洋平台振动控制模型试验设计原理。介绍了相似性准则、海洋平台模型设计的相似性原理、振动控制装置设计原理。详细介绍了海洋平台模型试验中风、浪、流试验工况设计原则以及海洋平台模型试验条件模拟方法和手段，并给出了模型试验大纲编制原则。

第8章和第9章是海洋平台智能控制水池模型试验实例研究部分。分别以导管架海洋平台、自升式海洋平台为研究对象，对整个海洋平台的动力响应水池模型试验、智能控制水池模型试验全过程进行了详细的介绍和论述。给出了模型相似性设计及模型加工制作、试验方案设计(包括试验工况设计、测试系统设计、磁流变阻尼器设计、基于模糊控制、神经网络控制方法的智能控制系统设计、控制系统安装部位设计等详尽的设计方案)。同时对海洋平台智能控制试验效果进行了时域和频域分析并与数值模拟结果进行了详细比对,给出了较多有益于工程应用和设计的建议和结论。

本书所描述的海洋平台随机动力响应分析及智能控制理论与试验研究方法的特点可以概括为:

(1) 在分析域上,分别从时域、频域系统地进行研究,给出了从环境荷载到平台动力响应再到振动控制效果的时域、频域分析方法。

(2) 在层次安排上,以荷载—响应—控制—响应为撰写主线,层次分明地介绍了在环境荷载作用下海洋平台动力响应分析方法,同时又以动力响应为智能控制系统设计的输入,给出在智能控制系统控制力输入下,海洋平台结构响应为输出的理论和数值仿真分析方法。

(3) 在分析方法上,综合了理论分析、数值仿真、试验验证等研究方法,最后以实际模型试验的结果作为对控制系统设计有效性和可行性的有力论证。

(4) 在研究对象上,重点针对当前应用广泛的导管架海洋平台和自升式海洋平台进行研究,并给出了数值仿真及试验研究的应用实例。

本书是作者十余年的研究工作总结。本书所提出的方法和结论希望对海洋工程领域相关研究人员、工程技术人员开展海洋平台振动控制的理论和试验研究工作能提供有益的指导和帮助。本书所描述的时域和频域动力响应分析方法对从事结构动力学研究、应用和开发的科研人员也有较大的参考价值。本书还可作为相关专业研究生教材。

最后感谢霍发力硕士、刘聪硕士、万乐坤硕士在攻读硕士学位期间参加本书相关内容课题所做的宝贵研究工作。感谢徐胜硕士、王朝硕士、张圆媛硕士、尹艳硕士、陶凯硕士、袁培银硕士在本书图片、公式处理等方面所做的工作。感谢国家自然科学基金(50609009)和江苏省工业支撑项目(BE2010159)等基金的支持。感谢作者所在的江苏科技大学领导和同事们对本书写作的大力支持和帮助。

由于作者水平和学识所限,书中疏漏、欠妥与谬误之处,真诚希望读者、专家和同行不吝赐教。

目　　录

第 1 章　绪　　论

1.1　结构振动控制技术研究与应用

地震、飓风、海啸等自然灾害给世界人民造成了巨大的灾害,如我国 2008 年四川汶川 8.0 级大地震,1976 年河北唐山 7.6 级大地震,2003 年印度尼西亚大海啸等,给人民带来了毁灭性的灾难。灾害中上万人失去生命,大量建筑物的破坏、倒塌造成了巨大的人员伤亡和经济损失。因此,研究更加安全、可靠的控制装置来保护建筑结构,减少自然灾害带来的损失是工程结构防灾领域的主要课题,具有重要的研究意义。

在结构减振、抗灾研究中,传统方法是通过加强结构本身的性能来抵抗外界载荷的破坏,这必须要加大结构构件的尺寸,即保守设计。在采取保守设计过程中由于外载荷的随机性和不可预测性,产生的振动仍有可能超出人们估计范围而使结构发生严重破坏或倒塌,并且该方法会造成较多的材料消耗,十分不经济。随着结构控制技术的不断进步,新的控制方法在工程界得到了大量的研究和运用。通过在工程结构上设置控制装置,使结构在外界载荷作用时具有自适应能力,由控制装置与结构共同抵御、减少外界载荷对结构造成的破坏。目前结构振动控制技术已被越来越广泛地应用到工程结构的抗震、抗风、减振等领域中,取得了显著的社会效益和经济效益。

结构的控制技术研究最初可以追溯到 1972 年 Yao 将有关的自动控制概念引入到建筑结构当中,形成了比较系统的结构控制理论[1],在短短的 40 年中,结构振动控制得到了突飞猛进的发展,并在结构减振中显示出巨大的生命力。在我国,1980 年王光远院士首先提出高耸结构风振控制技术,从此推动了我国振动控制理论及技术在工程结构中的应用和发展[2]。发展至今,根据振动控制装置的工作原理,振动控制技术可以分为:被动控制、主动控制、半主动控制以及智能控制。

1.1.1　被动控制

被动控制方法是最早发展起来的结构振动控制技术,已形成了较完整的体系。被动控制具有结构简单、造价低、易于维护且无需外加能源等优点,其控制力是控制装置与结构协调运动产生的,一般是在结构的某个部位附加一个子系统,或者对结构自身的某些构件做构造上的处理以改变结构体系的动力特性。

结构被动耗能减振是在结构中设置非结构构件的耗能组件(通常称为耗能器或阻尼器),结构振动使耗能组件被动地往复相对变形或者在耗能组件间产生往复运动的相对速度,从而耗散结构振动的能量、减轻结构的动力反应。结构设置耗能组件大体上可以分为三类: ① 速度相关型耗能组件,如线性黏滞或黏弹性阻尼器;② 位移相关型耗能组件,如金属屈服型(metal yield damper, MYD)或摩擦型阻尼器[3];③ 调谐吸振型耗能组件,如调谐质量阻尼器(tuned mass damper, TMD)[4~9]和调谐液体阻尼器(tuned liquid damper, TLD)[10]。被动耗能减振装置已在国内外建成的数百座结构中得到应用,并在一定程度上经受了地震的考验。例如,1969 年建成的110 层纽约世界贸易中心的两座塔楼上安装了 10 000 个黏弹性耗能器和 360T 半主动 TMD,有效地减小振动;在日本 Yokohama(横宾)导航塔及王子饭店都安装了 TLD,较好地控制风振;中国目前也有 20 余座装有被动耗能减振装置的新建或加固的建筑与桥梁。

尽管被动控制装置优点明显,但由于其无外加能源驱动,主要是通过改变结构的动力特性与增加局部阻尼来实现结构控制,因此,缺乏跟踪和调节的能力,其控制效果一般依赖于外载荷的谱特性和结构的动态特性,同时振动控制的幅度也较为有限。

1.1.2　主动控制

主动控制是应用现代控制技术,对输入环境动荷载和结构响应实现联机的实时跟踪和预测,在此基础上通过主动控制算法在精确的结构模型基础上运算和决策最优控制力,通过驱动器对结构施加控制力,达到减小或抑制结构振动响应的目标。因为实时控制力可以随输入外载荷改变,其控制效果基本上不依赖于外部激励的特性,因此,控制效果明显优于被动控制。

目前主动控制就算法而言,出现了许多种控制方法,如直接应用现代控制理论的经典线性最优控制(classic linear optimal control)[11],极点分配控制(pole assignment control)[12],瞬时最优控制(instantaneous optimal control)[13~15],独立模态空间控制(independent modal space control)[16],极点配置法[17]等。

主动控制作动器通常是液压伺服系统或电机伺服系统,一般需要较大甚至很大的能量驱动。目前已开发的主动控制装置主要有:混合质量阻尼器(hybrid mass damper，HMD)、主动质量阻尼器(active mass damper 或 active mass driver，AMD)[18]、主动锚索控制系统(active tender control system，ATS)、气体脉冲发生器控制系统(gas pulse generator control system，GGS)和主动斜撑系统(active brace system，ABS)等。由上述主动控制装置组成的控制系统,在高层建筑、电视塔和大型桥塔结构的风振和地震反应控制应用中取得了很大的成功。目前已有 54 座高层建筑、电视塔和大型桥塔结构应用了 HMD 或 AMD 主动控制系统。

由于主动控制需要较大的外加能源才能够提供所需的控制力,在地震等特别环境下,外加能源不能够得到保证,而且也不能够满足社会节能减排的要求,所以半主动控制等正成为国内外结构振动控制技术的研究热点。

1.1.3 半主动控制

半主动控制一般以被动控制为主体,其控制原理与结构主动控制基本相同,是一种振动系统的参数控制技术,它根据系统输入的变化和对系统输出的要求,实时调节系统中某些环节的刚度、惯性以及阻尼特性,从而使系统能获得优良的振动特性。半主动控制中,实施控制力的作动器巧妙地利用结构振动的往复相对变形或相对速度,因此仅需少量的能量便能实现接近主动控制的最优控制效果。因此,半主动控制作动器通常是被动的刚度或阻尼装置与机械式主动调节系统复合而成的控制系统。

目前代表性的半主动控制装置主要有:主动变刚度系统(active variable stiffness system，AVS)[19~21]、主动变阻尼系统(active variable damping 或 active variable damper system，AVD)[22] 和主动变刚度阻尼系统(active variable stiffness/ damper system，AVSD)[21, 23, 24]。由于半主动控制系统力求尽可能地实现主动最优控制力,因此主动控制理论(算法)是结构半主动控制的基础;同时半主动控制系统能够实现的控制力形式和方向是有限制的,因此需要建立反映半主动控制力特点的控制算法(通常称为半主动控制算法)来驱动半主动控制装置尽可能地实现主动最优控制力。1990 年日本 Kajiman 研究所的三层建筑钢结构办公楼首次应用了主动变刚度控制系统,经受了实际发生的中小地震的检验并显示了很好的控制效果。1997 年美国首次应用主动变阻尼控制装置控制高速公路连续梁钢桥重载车辆引起的振动,显示了很好的控制效果。此外,美国学者还为 CH-47C 直升机研制了可调惯性动力吸振器,使座舱的垂直加速度在非常宽的旋翼转速区内降到 0.1 g 以内。目前日本已建成和即将竣工的结构主动变阻尼控制建筑已有 10 座。

1.1.4 智能控制

结构智能控制包括采用智能控制算法和采用智能驱动或智能阻尼装置的两类

智能控制。采用诸如模糊控制、神经网络控制和遗传算法等智能控制算法为标志的结构智能控制，它与主动控制的区别主要表现在不需要结构模型非常精确，仅通过智能控制算法确定输入或输出反馈与控制增益的关系，从而实现具有很好鲁棒性能的控制效果，但所需控制力较大，需要较大的外部能量来驱动作动器实现控制力的输出。当前智能控制方法中预测实时控制（predictive control）[25]，滑移模态控制[26]、模糊控制[27]（fuzzy control），神经网络控制[28]（neuro control），遗传算法[29]（geneti arithmetic），鲁棒控制[30]（robust control），H_2 控制[31]，H_∞[32] 控制方法是智能控制中的主流控制方法。当受控系统比较复杂并含有不确定性、非线性以及时变环节时，其精确数学模型往往难以建立或虽然可建立模型，但精度差，由这类模型得到主动控制律的效果往往达不到要求或主动控制律的求解非常困难，对于这类系统，模糊控制、神经网络和遗传算法等智能控制方法颇具生命力。1995年日本 Nakajima 桥梁施工中的桥塔 AMD 控制装置应用了模糊控制算法。

另一类采用诸如电/磁流变液体、压电材料、电/磁致伸缩材料和形状记忆材料等智能驱动材料和器件为标志的结构智能控制，其控制原理与主动控制基本相同，只是实施控制力的作动器是由智能材料制作的智能驱动器或智能阻尼器。智能阻尼器通常需要比液压或电机式作动器需要更少的外部输入能量并完全实现主动最优控制力。智能阻尼器与半主动控制装置类似，仅需要少量的能量调节便可方便实现或接近实现主动最优控制力。目前代表性的智能阻尼器主要有：磁流变液阻尼器（magnetorheological fluid dampers，MRFD）[33~35] 和压电摩擦阻尼器[36~38]。磁流变阻尼器已被应用于日本的一座博物馆建筑和 Keio 大学的一栋隔震居住建筑，主要用于地震控制。我国的岳阳洞庭湖大桥多塔斜拉桥的拉索也采用了磁流变阻尼器进行风振控制。

1.2　海洋平台振动控制技术研究及发展

1.2.1　海洋平台结构振动控制研究的意义

随着人类对油气资源的需求日益扩大以及陆上油气资源的逐步枯竭，海上油气资源的开发正越来越受到各国的重视。作为海洋油气资源开发的基础性设施，海洋平台的数量急剧增加。目前国内外在役的海洋平台有 8 000 余座，其中固定式平台 7 000 余座，浮式平台接近 1 000 座。这些海洋平台体积庞大、结构复杂、造价昂贵，特别是与陆地结构相比，它们所处的海洋环境十分复杂恶劣，风、海浪、海流、海冰、潮汐和地震等灾害时时威胁着平台结构的安全，尤其在极端海况中，波浪载荷作用下海洋平台结构的大幅振动和冲击载荷作用下结构动力放大效应更为剧烈,结构的安全性受到严重影响。在国内外海洋油气资源开发过程中,曾出现过多次严重的海洋平台事故,造成了重大的生命和财产损失[39]。例如,1968 年"Rowlandhorn"号钻井平台事故;1969 年我国渤海 2 号平台被海冰推倒,造成直接经济损失 2 000 多万元;1979 年墨西哥堪佩切湾的一座海上采油平台倒塌,酿成历史上最大的一次海底油井泄漏事件;1980 年北海 Ekofisk 油田的 Alexander L

图 1 - 1　Ranger Ⅰ号自升式平台损毁事故

Kielland 号钻井平台发生倾覆,导致 122 人死亡;1976 年在美国墨西哥湾,RangerⅠ号自升式钻井平台后腿柱破坏失效,致使平台失去平衡,甲板倾斜坠落,并使前腿弯折屈曲而导致整座平台最终完全破坏,如图 1 - 1 所示。由此可见,研究更加安全、经济、可靠的振动技术来提高平台的安全性、结构可靠性,延长使用年限,改善平台作业者舒适感等问题已成当务之急。

　　海洋平台结构形式多样而且各类型平台之间结构差异较大,目前主要分为固定式海洋平台和移动式海洋平台。固定式平台主要有导管架平台、重力混凝土平台、牵索塔平台和座底式海洋平台;移动式平台主要有半潜式海洋平台、自升式海洋平台、张力腿海洋平台以及 spar 平台、FPSO 等类型。对于应用于深水的浮式海洋平台,其运动幅度的控制主要依靠系泊系统和动力定位系统,对于工作过程中通过桩腿等结构固定于海底的平台,如,导管架平台、自升式海洋平台,其振动幅度的控制主要依靠振动控制系统。传统的导管架平台应用水深小于 100 m 以及自升式海洋平台在应用水深小于 60 m 时,其振动幅度较小,基本能够满足作业需要。近年来随着平台应用水深的增加,如导管架平台应用水深已超过 400 m,自升式海洋平台的应用水深已超过 120 m,此时往往需要在平台上设置振动控制装置来降低平台的振动幅度,保证平台作业及安全性需求。

　　已有研究表明:当导管架平台水深超过 300 m 时,在距海面 19.5 m 高处风速为 22.86 m/s 引起的随机波浪作用下平台振动响应幅值将超过 68 cm[40]。而自升式平台结构柔性更大,平台结构在极端海况下动力响应很大,因此,由于动力效应的影响,平台结构更易发生疲劳等问题,而导致严重的基础或者结构整体破坏。已有研究表明:工作水深 90 m 的自升式平台在波浪周期 10 s,有义波高 12 m 的随机波浪作用下其结构最大振动幅度可达 1.5 m[41]。此外,过度的振动也会严重影响平台结构的正常作业和作业人员的舒适感。海洋平台的振动控制技术可以完善地解决这一问题。通过在海洋平台上设置控制机构,使平台具有自动调节的功能,对外界载荷具有灵敏的自适应能力,从而使其免受破坏。因此海洋平台的振动控制技术研究对延长平台的疲劳寿命、提高平台可靠性、改善平台工作人员的舒适感、有效地减轻飓风、巨浪等灾害有重要的现实意义。本书主要针对导管架式海洋平台以及自升式海洋平台这两类常用海洋平台进行动力响应的分析及振动控制技术的研究。

1.2.2　海洋平台结构振动控制技术现状及发展趋势

随着陆上结构物振动控制技术的相对成熟,大型海洋平台结构物的振动控制技术正引起国内外学术界和工程界的重视。目前海洋平台的振动控制技术仍处于理论探索、试验研究及个别试验应用阶段,当前国内外的研究工作主要集中在被动控制、主动控制、半主动控制以及智能控制等方面。海洋平台的被动控制技术研究主要是利用各种被动控制装置对平台结构进行减振效果研究,如调谐质量阻尼器(TMD)[42]、摩擦式阻尼器[43]、调谐液体阻尼器(TLD)[44]等。海洋平台的主动控制技术研究主要集中在对不同控制方法振动控制效果的数值模拟及模型试验方面[45~52]。在海洋平台结构振动的智能控制、半主动控制技术中,磁流变阻尼器、电流变阻尼器是当前的研究热点,吸引了较多学者的研究兴趣,如,孙树民采用磁流变阻尼器对独桩平台的地震响应控制进行了研究[53];嵇春艳、万乐坤、霍发力、刘聪等人采用模糊控制原理设计了磁流变阻尼器,并进行了随机波浪载荷作用下减振效果的数值仿真[54~65];张纪刚等采用半主动控制方法对海洋平台结构冰激振动进行了控制研究[66];刘剑林等人采用遗传算法对磁流变阻尼器进行了优化设计研究[67]。在振动控制的试验研究方面,杨飏、欧进萍等针对渤海某导管架式海洋平台结构设计了磁流变阻尼隔震方案,并进行了 1∶10 比例模型的振动台试验[68];Zhang、Deng 等人对冲击载荷作用下海洋结构磁流变阻尼器减振效果进行了试验研究,试验中采用 MTS 系统进行动力加载[69],嵇春艳等人研究了导管架平台和自升式海洋平台的磁流变阻尼器水池模型试验,并得到了一些有益结论[70,71]。综上所述,当前海洋平台结构振动控制技术的研究成果主要集中在针对一般海况下平台结构的振动控制理论、控制装置的理论和模型试验研究等。

1.3　智能控制技术在海洋平台
振动控制中的应用

1.3.1　智能控制技术的研究进展

智能控制思想是由美国普渡大学的傅京逊(K. S. Fu)教授于 20 世纪 60 年代中期提出的。1966 年门德尔(J. M. Mendcl)教授首先提出将人工智能应用于飞船控制系统的设计。萨里迪斯(G. N. Saridis)于 1977 年出版的《随机系统自组织控制》一书以及 1979 年发表的综述文章"朝向智能控制的实现"反映了智能控制的早期思想。20 世纪 80 年代是智能控制研究的迅速发展时期,1984 年奥斯特洛姆(k. J. Astron)提出专家系统的概念,同期 Rumelhart 提出 BP(back propagation)算法。1985 年 8 月,IEEE 在美国纽约召开了第一届智能控制学术讨论会,这标志着智能控制这一新体系的形成。现代控制理论虽然从理论上解决了系统的可控性、可观测性、稳定性及很多复杂的控制问题,但各种控制方法都是以控制对象具有精确的数学模型为基础的,而现实工程中结构多为非线性的复杂系统,因此研究如何不依赖于受控结构精确模型的控制策略成为研究热点。目前,智能控制在结构领域的应用研究主要集中在模糊控制、神经网络控制、进化算法及三者的相互结合。

1) 模糊控制

1965 年英国扎德教授(L. A. zadeh)首先提出了模糊集合的概念,他是模糊控制理论的创始人。1990 年 Lee 对模糊控制器 FLC(fuzzy logic control)的研究和应用作了全面的总结,并描述了 FLC 的本质特点,提出了模糊化和去模糊化的方案以及知识库和控制准则的建立方法,并对模糊机制进行了分析。模糊控制的核心为模糊推理,主要依赖模糊规则和模糊变量的隶属度函数,其推理过程也是基于规则形式表示的人类经验。其主要特点是: ① 它是一种非线性控制方法,不依赖于对象的数学模型;② 具有内在的并行处理机制,并表现出极强的鲁棒性;③ 算法简单、执行快、容易实现。模糊控制已在一些领域取得了很好的研究成果,展示了其处理精确数学模型,非线性,时变和时滞系统的强大功能。Ushida (1994) 和 Pourzeynali (2007)分别对建筑结构的模糊控制进行系统的研究[72,73]。1998 年 Fujitani 和 Midorikawa 等进行了建筑结构模糊逻辑控制地震反应的振动台实验和仿真分析[74]。1999 年 Symans 和 Kelly 研究了使用智能半主动隔震耗能系统来减小桥梁的振动反应等[75]。

2) 神经网络控制

1943 年心理学家 W. Mcculloch 和数理逻辑学家 W. Witts 合作提出了兴奋与抑制型神经元模型[76]。1949 年 D. O. Hebb 提出了一种调整神经网络连接权的规则,通常称为 Hebb 学习规则[77]。20 世纪五六十年代的研究成果主要是 F. Rosenblatt 的感知机理论。20 世纪 80 年代 D. E. Rumelhart 和 J. L. Mcclelland 关于 B-P 网络的研究使神经网络控制达到了一个新的研究阶段[78]。该控制方法是从机理上对人脑生理系统进行结构模拟的一种控制和辨识方法,是介于符号推理与数值计算之间的一种数学工具,具有较好的学习和适应能力。它的特点: ① 能充分逼近任意非线性特性;② 分布式并行处理机制以及自学习和自适应能力;③ 数据融合能力,适合于多变量系统,多变量处理以及可硬件实现。这些特点使神经网络成为非线性系统建模与控制的一种重要方法,因此神经网络成为实现非线性预测控制的关键技术之一。

3) 专家控制系统

这是一种将人的感知经验(浅层知识)与定理算法(深层知识)相结合的传统智能控制方法。主要优点是在层次结构上、控制方法上和知识表达上有灵活性、启发性和透明性,既可以采用符号推理也允许数值计算;既可以精确推理也可以模糊决策。由于专家系统控制不需要被控对象的数学模型,因此它是目前解决不确定性系统的一种有效方法,应用较为广泛。但具有灵活性的同时也带来了设计上的随意性和不规范性,而且知识的获取、表达和学习以及推理的有效性和实时性也难以保证。

由于这三者都具有解决人工智能中知识表达与不确定性推理的信息表达和处理能力,人们近来普遍认为以下几种途径是智能控制最具吸引力的选择:① 基于知识和经验的专家系统控制;② 基于模糊逻辑推理与计算的模糊控制;③ 基于人工神经网络的神经网络控制;④ 以上途径的交叉与结合。由于专家系统控制、模糊控制和神经网络控制各有特点,因此目前有些研究者集成这些方法,形成了模糊神经网络控制和专家模糊控制(ENNC)等多个方向。

虽然智能控制已有 20 多年的发展历史,但仍然处于开创性研究阶段。就目前智能控制系统的研究和发展来看,智能控制还有许多问题有待解决,主要有:① 智能控制理论与应用的研究。充分运用仿真、模糊等科学的基本理论,深入研究人类解决、分析、思考问题的技巧、策略等;② 建立切实可行的智能控制体系结构;③ 研究适合智能控制系统的并行处理机、信号处理器、传感器和智能开发工具软件,使智能控制得到广泛的应用;④ 开发具有智能功能的复合材料,将具有智能属性的材料嵌入平台的局部结构,或者利用智能特性复合材料制作结构的某些容易损伤的部件,从而使结构具有感知、自适应和自修复功能。

智能控制已广泛地应用于工业、农业、军事等多个领域,解决了大量传统控制无法解决的实际控制应用问题,呈现出强大的生命力和发展前景。随着基础理论研究和实际应用的不断深入扩展,智能控制将会产生新的飞跃。

1.3.2 智能控制在海洋平台减振中的应用

随着近几年智能材料科学和技术的进步,海洋平台等海工结构物智能振动控制技术取得了一些进展,掀起了采用压电陶瓷、形状记忆合金(SMA)、电流变液(ER)、磁流变液(MR)等研制可控阻尼器的研究热潮[79]。目前 MR/ER 已经进行了较多的研究工作,并且成功地应用于近海简易平台的减振设计中[34]。压电材料和记忆合金,尤其是后者在海洋工程结构中的应用研究刚刚起步。所以采用电流变液(ER)、磁流变液(MR)的智能控制器成为新的研究热点,它不仅具有一般半主动控制器的优点,同时还具有耗能低、出力大、响应速度快、结构简单、阻尼力连续顺逆可调,并可方便地与微机连接实现对结构振动的实时控制,已经成为工程结构新一代的高性能和智能化的减振装置,展现出了良好的应用前景。此外,通过采用智能材料制作海洋结构是提高海洋结构智能化的方向,智能材料是结构的感知部件以及荷载的承受者。这样一种新的结构设计思想,对于海洋结构的设计开发带来光明前景,将引起海洋结构在设计原理和规范上的重大修改[80~86]。

1) 智能控制装置的研究

国外正在展开适应海洋结构要求的智能材料开发工作[87]。智能驱动材料主要有以下几种,即:形状记忆材料、压电材料、磁致伸缩材料、电/磁流变材料以及磁控形状记忆合金等。采用这些智能材料制成的电(磁)或温度调节的被动减振装置和主动控制驱动装置将会成为结构振动控制的新一代减振驱动装置。目前在海洋平台上运用最多的是采用电/磁流变材料制成的阻尼器(MR)[3]。

我国基本上是从 1995 年开始磁流变液及其器件研究。1997 年哈尔滨工业大学欧进萍、关新春等人系统地研究和开发出 MR 阻尼器,将其应用于海洋平台结构和大型桥梁斜拉索的振动控制。目前关于海洋平台智能控制装置的研究主要集中在对不同平台类型所涉及的磁流变阻尼控制装置设计方面[88~97],主要用于对波浪、冰和地震荷载作用下平台的减振,多数的数值模拟和模型试验表明,磁流变阻尼器能够对平台的振动进行较为有效的控制,减振效果明显,但由于实际平台安装空间限制、测试系统长期布置的难度以及现有平台作业条件要求,多数的研究成果止步于工程应用,这些研究成果期待在新建平台设计阶段予以考虑,从而转向实际工程应用。

2) 智能控制方法在海洋平台中的应用

智能控制方法由于其自身具有很强的鲁棒性和适应性,在海洋平台振动控制技术研究中深受重视。目前针对海洋平台的振动控制,学者们主要针对模糊控制方法[91~93]、神经网络控制[94]方法对海洋平台振动控制的有效性、可行性和鲁棒性进行研究,当前的研究结果表明,智能控制方法可有效地解决被动和传统主动控制方法难以解决的问题,是解决海洋平台结构振动的发展趋势。

1.4 海洋平台振动控制研究中的若干关键问题

经研究发现控制理论和系统的有效性与环境激振荷载的动力特征以及结构系统的动力特性紧密相关,尤其是频谱特性,因此要想发展有效的控制理论和系统,必须充分了解环境激振荷载以及结构系统的动力特性。然而,目前对于海洋结构物受到的随机环境荷载,如风、海浪等的动力特征、桩侧土与结构的相互作用还未能充分认识和较准确描述,此外由于海洋平台结构的复杂性以及波浪、冰等环境荷载的激振机理的不同,海洋平台的振动控制技术有其自身的特点和研究难度。

随着控制理论的完善和发展,海洋平台振动控制技术将朝着工程实用化方面发展,在智能控制理论与装置的研究、控制装置的实用化研究以及最优控制律、控制中的时滞问题、基于随机振动理论的结构时变、非线性控制等方面展开进一步探索工作。控制效果稳定以及能耗少、稳定可靠的控制装置则是海洋平台结构振动控制在工程化应用过程中重点发展的方向。尽管当前现代控制理论虽然从理论上解决了系统的可控性、可观测性、稳定性及很多复杂的控制问题,但由于海洋平台自身结构的复杂性、平台空间的受限性以及环境荷载的复杂性,海洋平台振动控制中在朝着工程化方向发展的过程中还有许多需要深入开展研究的关键技术问题。

1) 适用于大型海洋平台结构的智能控制理论

对于大型自升式海洋平台,结构十分复杂,其结构刚度、质量分布与结构阻尼都具有一定的不确定性,同时其环境荷载以及动力响应均具有非线性和随机性,因此其对控制系统的高效性、鲁棒性、稳定性等性能要求非常高。智能控制系统设计中有效的、适用的智能控制方法是控制系统优化设计研究中的关键技术。智能控制方法的研究需要具有更好的在线自适应能力,从而使系统能够自主适应环境变化、较好地实现对平台结构在极端海况下的振动进行有效控制。当前的智能控制系统在控制效果上可以实现较好减振幅度,但,在线自适应能力、鲁棒性能以及控制方法的计算效率仍需要进一步研究。

2) 智能控制装置综合优化设计方法

智能控制系统的控制效果一方面与所采用的智能控制理论有关,另一方面与其自身参数及布置位置有关。因此智能控制装置综合优化设计方法是获得理想控制效果的关键技术之一。在智能控制装置设计中是以振动控制幅度为优化设计目标的,而该控制目标又与控制器安装位置、安装个数、智能控制器自身结构参数等直接相关。振动控制幅度与优化计变量之间的关系十分复杂,难以建立显式的优化目标函数,仅能通过控制效果数值仿真软件来获得控制的幅度,因此需要发展收敛速度快、优化结果稳定,同时可以对复杂目标函数进行优化的方法,从而实现对磁流变阻尼器控制装置安装位置、安装个数、磁流变阻尼器自身结构参数等优化设计,获得最佳控制效果。

3) 动力响应信号长期监测技术

智能控制系统是根据结构的动力响应特性通过智能程序控制对控制器发出控制信号,从而实现对结构施加控制力来达到减振的目标,因此结构的实际动力响应信号的测试与传输是决定控制效果的关键技术。海洋平台由于在整个服役期内均处于海洋环境中,会时刻受到风、浪、流等环境荷载的作用,海况环境比较复杂、恶劣,因此对动力信号的长期监测提出了很高的技术要求。一方面要求动力响应测试系统能够抵抗大浪的冲击而不损坏、脱落以及好的防水性能;另外一方面要求测试系统具有长期、可持续的工作性能。目前的测试系统还无法完全满足上述要求，有待于进一步研究改进。

4) 控制中的时滞问题

智能控制算法由于在实施控制时，数据处理、在线计算分析和控制力施加都需要时间，因此在控制实施过程中总是存在不同程度的时滞。时滞使得被调量不能及时反映控制信号的动作，控制力的不同步实施不仅降低控制系统的减振性能，而且有时会使动力系统变得不稳定，因此如何解决智能控制中的时滞问题是提高振动控制效果的关键问题，是使智能控制系统在实际平台进行实际应用需要解决的瓶颈问题。

参 考 文 献

［1］ J. P. T. YAO. Concept of structural control［J］. ASCE. Struet. Div, 1972, pp. 1567 - 1574.

［2］ 邹向阳，王晓天，刘丽华，等. 结构振动控制发展概况综述［J］. 长春工程学院学报（自然科学版），2001，2(4)：10 - 12.

［3］ 欧进萍. 结构振动控制——主动、半主动和智能控制［M］. 北京：科学出版社，2003：296 - 340.

［4］ 李宏男，李忠献，祁皑，等. 结构振动与控制［M］. 北京：中国建筑工业出版社，2005：1 - 407.

［5］ 韩兵康，杜冬. 结构半主动调谐质量阻尼器的发展［J］. 振动与冲击，2005，24(2)：46 - 49.

［6］ Rahul, Rana, T. T. Soong. Parametric study and simplified design of tuned mass dampers［J］. Engineering Structurer, 1998, 20(3)：193 - 204.

［7］ S. R. Chen, C. S. Cai. Coupled vibration control with tuned mass damper for long-span bridges［J］. Journal of Sound and Vibration, 2003, 278：449 - 459.

［8］ Francesco Ricciardelli, Antonio Occhiuzzi, Paolo Clemente. Semi-active tuned mass damper control strategy for wind-excited structures［J］. Journal of Wind Engineering, 2004, 88(2000)：57 - 74.

［9］ T. Pinkaew, Y. Fujino. Effectiveness of semi-active tuned mass dampers under harmonic excitation［J］. Engineering Structurer, 2000, 23(2001)：850 - 856.

［10］ Chi-Chang Lin, Jin-Min Ueng, Teng-Ching Huang. Seismic response reduction of irregular buildings using passive tuned mass dampers [J]. Engineering Structures,1998,22(1999):513-524.

[11] Soong TT. Active structural control: theory and practice [J]. Longman Scientific and Technical, 1990,22(1999):513-524.

[12] Guo-Ping Cai, Jin-Zhi Huang, Simon X. Yang. An optimal control method for linear systems with time delay [J]. Computers and Structures, 2003,81(2003):1539-1546.

[13] Y. M. RAM, S. ELHAY. Pole assignment in vibratory systems by multi-input control [J]. Journal of Sound and Vibration, 2000, 230 (2): 309-321.

[14] Guoping Cai, Jin-Zhi Huang. Instantaneous optimal method for vibration control of linear sampled-data systems with delay in control [J]. Journal of Sound and Vibration, 2002,262(2003):1057-1071.

[15] S. S. Akhiev, U. Aldemir, M. Bakioglu. Multipoint instantaneous optimal control of structures [J]. Computers and Structures, 2002, 80 (2002): 909-917.

[16] Kwan-Soon Park, Hyun-Moo Koh, Chung-Won Seo. Independent modal space fuzzy control of earthquake-excited structures [J]. Engineering Structures, 2004,26(2):182-193.

[17] Bin Zhou, James Lam, Guang-Ren Duan. Full delayed state feedback pole assignment of discrete-time time-delay systems [J]. Optimal Control Application and Methods, 2010,31(2):218-226.

[18] 欧进萍,王刚,田石柱. 海洋平台结构振动的 AMD 主动控制试验研究[J]. 高技术通讯,2002(10):85-90.

[19] Ji Chunyan, Li Huajun, Meng Qingmin. Active control strategy for offshore structures accounting for AMD constraints [J]. High Technology Letters, 2004,10(4):63-68.

[20] Yanqing Liu, Hiroshi Matsuhisa, Hideo Utsuno. Semi-active vibration isolation system with variable stiffness and damping control [J]. Journal of Sound and Vibration, 2008(313):16-28.

[21] 李敏霞,刘季. 变刚度半主动结构振动控制的试验研究[J]. 地震工程与工程振动,1998,18(4):90-95.

[22] Francesco Ricciardelli, Antonio Occhiuzzi, Paolo Clemente. Semi-active tuned mass damper control strategy for wind-excited structures [J]. Journal of Wind Engineering and Industrial Aerodynamics, 2000, 88:

　　　　57 - 74.

[23] 林建华. 结构半主动控制的新技术——主动变刚度/阻尼控制[J]. 福建建筑, 2000(1): 25 - 27.

[24] 谭平, 阎维明, 周福霖. 主动变刚度/阻尼控制算法研究[J]. 世界地震工程, 1998, 14(1): 10 - 16.

[25] Chunyan Ji. Optimal vibration control strategy for offshore platforms[C]. Proceedings of the Twelfth International Offshore and Polar Engineering Conference, ISOPE, Kitakyshu, Japan, 2002: 91 - 96.

[26] 孙作玉, 刘季. 线性结构的滑动模态半主动控制[J]. 地震工程与工程振动, 1998, 18(1): 88 - 94.

[27] 卫国, 杨向忠. 模糊控制理论与应用[M]. 西安: 西北工业大学出版社, 2001.

[28] 阎石. 结构振动智能控制的人工神经网络与模糊逻辑方法研究[D]. 大连: 大连理工大学, 2000.

[29] 崔光照, 李小广, 张勋才. 基于改进的粒子群遗传算法的 DNA 编码序列优化[J]. 计算机学报, 2010, 33(2): 311 - 316.

[30] I. D. Landau. From robust control to adaptive control [J]. Control Engineering Practice, 1999: 1113 - 1124.

[31] Saberi, P. Sannuti, B. M. Chen. H_2 optimal control prentice [M]. Hall International, London, UK, 1995.

[32] Chang-Ching Chang, Chi-Chang Lin. H∞ drift control of time-delayed seismic structures [J]. Earthquake Engineering and Engineering Vibration, 2009, 8(4): 617 - 626.

[33] F. Spencer, S. J. Dyke, K. Sain, et al. Phenomenon logical model of amagneto-rheological dampers [J]. ASCE, Journal of Engineering mechanics, 1997(123): 230 - 238.

[34] F. Gordaninejad, M. Saiidi, B. C. Hansen, et al. Control of bridge using magneto-rheological fluid dampers and fiber-reinforced, composite-material column [C]. Proceedings of the 1998 SPIE Conference, 1998.

[35] LiXiu Ling, LiHong Nan. Experimental study on semi-active control of frame-shear wall eccentric structure using MR dampers [J]. Proceedings of SPIE, 2006(6166): 1 - 8.

[36] 姜德生, Richard, Claus. 智能材料器件结构与应用[M]. 武汉: 武汉工业大学出版社, 2000.

[37] 唐永杰, 胡选利, 张升陆. 采用压电机敏元件进行结构振动控制Ⅲ: 控制系

统设计与实验研究[J]. 应用力学学报,1997,14(1):24-28.

[38] 瞿伟廉,陈朝晖,徐幼麟. 压电材料智能摩擦阻尼器对高耸钢塔结构风振反应的半主动控制[J]. 地震工程与工程振动,2000,20(1):94-99.

[39] Chunyan Ji, Huajun Li, Shuqing Wang. Optimal vibration control strategy for offshore platforms [C]. Proceedings of the Twelfth International Offshore and Polar Engineering Conference, ISOPE, Kitakyshu, Japan, 2002:91-96.

[40] K. C. Patil, R. S. Jangid. Passive control of offshore jacket platforms [J]. Ocean Engineering, 32(2005):1933-1949.

[41] M. J. Cassidy, R. Eatock Taylor, G. T. Houlsby. Analysis of jack-up units using a constrained New-wave methodology [J]. Applied Ocean Research, 2001(23):221-234.

[42] Huajun Li, et al. TMD design for prolonging structural fatigue life under non-stationary random Loading [J]. Journal of Engineering Mechanics, 2000,128(6):703-708.

[43] A. Golafshani, A. Gholizad. Friction damper for vibration control in offshore steel jacket platforms [J]. Journal of Constructional Steel Research, 2009(65):180-187.

[44] Q. Jin, X. Li, N. Sun, et al. Experimental and numerical study on tuned liquid dampers for controlling earthquake response of jacket offshore platform [J]. Marine Structures, 2007(20):238-254.

[45] 张力,张文首,岳前进. 基于模态空间的海洋平台冰致振动的 H∞ 控制[J]. 动力学与控制学报,2008,6(3):284-288.

[46] 嵇春艳,李华军. 随机波浪作用下海洋平台主动控制的时滞补偿研究[J]. 海洋工程,2004,22(4):95-101.

[47] H. Ma, G. Y. Tang, Y. D. Zhao. Feed forward and feedback optimal control for offshore structures subjected to irregular wave forces [J]. Ocean Engineering, 2006(33):1105-1117.

[48] B. Ayman, Mahfouz. Predicting the capability-polar-plots for dynamic positioning systems for offshore platforms using artificial neural networks[J]. Ocean Engineering, 2007(34):1151-1163.

[49] Ji Chunyan, Li Huajun, Meng Qingmin. Active control strategy for offshore structures accouting for AMD constraints[J]. High Technology letter, 2004, 10(4):63-68.

[50] Chunyan Ji, Qingmin Meng. Optimal vibration control strategy for

offshore platforms accounting for AMD constraints[C]. Proceedings of OMAE04, 23rd International Conference on Offshore Mechanics and Arctic Engineering, 2004, Vancouver, Canada.

[51] Chunyan Ji, Huajun Li, Shuqing Wang. Optimal vibration control strategy for offshore platforms [J]. Proceedings of the Twelfth International Offshore and Polar Engineering Conference, ISOPE, Kitakyshu, Japan. May 26 - 31, 2002: 91 - 96.

[52] Chunyan Ji, Huajun Li, Yongchun Yang. Investigation on the Cause of Excessive Vibration of an Offshore Platform[J]. High Technology letter. 2003, 2(9): 37 - 42.

[53] 孙树民,梁启智.隔震独桩平台地震反应的半主动磁流变阻尼器控制研究[J]. 振动与冲击,2001,20(3): 61 - 64.

[54] Chunyan Ji, Qun Yin. Study on a fuzzy MR damper vibration control strategy for offshore platforms[C], Proceedings of the 26th OMAE, 2007 (29341): 363 - 368.

[55] 嵇春艳,万乐坤,尹群.海洋平台磁流变阻尼器控制技术研究[J].海洋工程, 2008,26(3): 27 - 32.

[56] 嵇春艳,张枢文,万乐坤. H_2 控制方法中加权函数对海洋平台振动控制效果的影响分析[J].江苏科技大学学报,2007,21(1): 1 - 6.

[57] 嵇春艳.调谐质量阻尼器对海洋平台的减振效果分析[J].海洋技术,2005, 24(4): 114 - 120.

[58] 嵇春艳,李华军.随机波浪作用下海洋平台主动控制的时滞补偿研究[J].海洋工程,2004,22(4): 95 - 101.

[59] 嵇春艳.固定式导管架平台的 H_2 控制研究[J].振动工程学报,2004,17(4): 483 - 487.

[60] 霍发力,嵇春艳,李珊珊,等.基于模糊理论海洋平台的 MRFD 半主动控制理论研究[J].中国海洋平台,2009,24(01): 31 - 35.

[61] 霍发力,嵇春艳,陈明璐,等.海洋平台的滑移模态控制 MRFD 半主动振动控制研究[J].船海工程,2009(2): 116 - 119.

[62] 万乐坤,嵇春艳,尹群.海洋平台磁流变模糊半主动振动控制研究[J].船舶工程,2007,29(04): 28 - 31.

[63] 万乐坤.海洋平台动力响应分析与磁流变振动控制技术研究[D].江苏:江苏科技大学船舶与海洋工程学院,2007.

[64] 霍发力.海洋平台半主动振动控制方法及模型试验研究[D].江苏:江苏科技大学船舶与海洋工程学院,2009.

[65] 刘聪. 深水自升式海洋平台振动控制技术研究[D]. 江苏：江苏科技大学船舶与海洋工程学院, 2012.

[66] 张纪刚, 吴斌, 欧进萍. 海洋平台冰振控制试验研究[J]. 东南大学学报, 2005, 35(1): 31 - 34.

[67] 刘剑林, 魏民祥, 邵金菊, 等. 磁流变阻尼器模糊控制的遗传算法优化[J]. 机械科学与技术, 2008, 27(2): 171 - 175.

[68] 杨飏, 欧进萍. 导管架式海洋平台磁流变阻尼隔震结构的模型试验[J]. 振动与冲击, 2006, 25(5): 1 - 5.

[69] Z. C. Deng, D. G. Zhang. Experimental research on the vibration reduction and impact resistance performances of offshore structure based on magnetorheological damper [C]. Proceedings of the ASME 27th International Conference on Offshore Mechanics and Arctic Engineering (OMAE2008), June 15 - 20, 2008, Estoril, Portugal.

[70] 嵇春艳, 霍发力, 陈明璐. 海洋平台磁流变阻尼器振动控制模型试验[J]. 中国造船, 2009, 50(3): 40 - 47.

[71] Chunyan Ji. Experimental studies on semi-active vibration control of jacket plotforms with magnetorheological damper [C]. The ASME 28th International Conference on Ocean, Offshore and Arctic Engineering, 2009.

[72] H. Ushida, T. Yamaguchi, K. Goto, et al. Fuzzy-neuro control using associative memories, and its applications [J]. Control Engineering Practice, 1994, 2(1): 129 - 145.

[73] S. Pourzeynali, H. H. Lavasani, A. H. Modarayi. Active control of high rise building structures using fuzzy logic and genetic algorithms [J]. Engineering Structures, 2007, 29(3): 346.

[74] H. Fujitani, M. Midorikawa, M. Iiba, et al. Seismic response control tests and simulations by fuzzy optimal logic of building structures [J]. Engineering structures, 1998, 20(3): 164 - 175.

[75] Michael D. Symans1, Steven W. Kelly. Fuzzy logic control of bridge structures using intelligent semi-active seismic isolation systems [C]. Earthquake Engineering & Structural Dynamics, 1999, 28(1): 37 - 60.

[76] W. S. Mcculloch, W. Pitts. A logical calculus of the ideal important in nerous activity [J]. Bulletin of mathematical biophysics, 1943 (5): 115 - 133.

[77] D. Hebb. The organization of behavior [M]. New York: John Wiley &

sons, 1949.

[78] B. Widow, M. A. Lehr. Thirty years of adaptive neural networks: perception, madaline and back propagation [C]. Proc. IEEE. 1990,78(9): 1415-1441.

[79] 李宏男,阎石,林皋. 智能结构控制发展综述[J]. 地震工程与工程振动, 1999,19(2): 29-35.

[80] Boller Chr, Dilger R. In flight aircraft structure health monitoring based on smart structure technology[C]. AGARD conference proceeding 531, smart structure for aircraft and spacecraft, 1993(17): 1-19.

[81] F. A. Blaha, S. L. Mcbride. Fiber-optic sensor system for measuring strain and the detection of acoustic emission in smart structure [C]. AGARD conference proceeding 531, smart structure for aircraft and spacecraft. 1993(21): 1-11.

[82] P. A. Frizeze, F. J. Barnes. Composite materials for offshore application-new data and practice [C]. Proceedings of twenty-eight offshore technology conference, OTC814399, 1996: 247-253.

[83] G. W. Housner, et al. Structure control: past, present and future, special issue [J]. Journal of Engineering Mechanics, ASCE, 1997, 123(9): 823-971.

[84] P. G. S. Dove, et al. Installation of deep star polyester taut leg mooring [C]. Proceedings of twenty-ninth offshore technology conference. OTC8522, 1997: 269-291.

[85] Hari B Kanegaonkar, Stavanger. Smart technology applications in offshore structural systems: status and needs[C]. Proceedings of the ninth international offshore and polar enginnering conference. Brest, France, 1999: 231-236.

[86] Chiostrini S, Vignoli A. Structure integrity monitoring of an offshore platform[C]. Proceeding of fourth international offshore and polar engineering conference. ISOPE94(4): 528-533.

[87] 杨大智. 智能材料与智能结构[M]. 天津: 天津大学出版社,2000.

[88] 管友海,李华军,黄维平. 海洋平台磁流变阻尼器半主动控制研究[J]. 青岛海洋大学学报,2002,32(4): 650-656.

[89] 何鹏,管友海,钟涛. MR 阻尼器在海洋平台半主动振动控制中的应用[J]. 青岛建筑工程学院学报,2002,17(3): 25-28.

[90] 冷冬梅,吴斌. JZ20-2NW 平台结构冰振作用下磁流变阻尼半主动控制研

究[J].低温建筑技术,2006(5):47-48.

[91] 欧进萍,杨飏.导管架式海洋平台结构的磁流变阻尼隔震控制[J].高技术通讯,2003,13(6):66-73.

[92] 杨飏,欧进萍.导管架式海洋平台结构磁流变阻尼隔震的振动台试验[J].地震工程与工程振动,2005,25(4):141-148.

[93] 董聪,夏人伟.智能结构设计与控制中的若干核心问题[J].力学进展,1996,26(2):166-177.

[94] 李宏男,霍林生,刘洋.采用神经网络半主动TLCD对海洋固定式平台的振动控制[J].防灾减灾工程学报,2003,23(2):22-27.

[95] 周亚军,赵德有.基于结构参数随机性的海洋平台振动模糊逻辑控制研究[J].大连理工大学学报,2004,44(5):700-703.

[96] 金娇,周晶,李昕.半主动TLCD对固定式海洋平台的离散神经网络滑模控制[J].世界地震工程,2005,21(3):28-34.

[97] Ya Jun Zhou, De-you Zhou. Neural network-based active control for offshore platforms [J]. China Ocean Engineering, 2003, 17 (3): 461-468.

第 2 章 随机波浪荷载及数值仿真方法

>>>>>

海洋平台在服役期间一直处于海洋环境的作用下,所处的海洋环境比较复杂、严酷,风、海浪、海流和潮汐时时作用于结构,同时如处于冰区或地震带,海洋平台还会受到海冰、地震等荷载的作用。设计在海洋环境中服役的海洋平台必须能抵抗这些环境荷载,对于非冰区的海洋平台而言,风、海流、风暴潮以诱导产生的力相对于波浪产生的力来说要次要一些,在这些环境荷载中,通常波浪荷载是最主要的环境荷载。本文主要针对自升式海洋平台结构和导管架海洋平台结构进行研究,对于这两类平台结构,波浪荷载最为主要,因此本章重点介绍波浪荷载的计算及数值仿真方法。

2.1 线性波浪理论

线性波又称小振幅波,是一种简化的最简单的波动,其水面呈现简谐形式的起伏,水质点以固定的圆频率做简谐运动,同时波形以一定的波速 c 向前传递,波浪中线与静水面重合。虽然海洋中实际发生的波动都不能用这种简单的波动描述,但是它是研究复杂随机波浪的基础,对解决复杂的波动问题是十分必要的。

2.1.1 基本方程及边界条件[1]

对于二维波动,非线性的自由表面运动边界条件为

$$\left.\frac{\partial \varphi}{\partial z}\right|_{z=\eta} = \frac{\partial \eta}{\partial t} + \frac{\partial \eta}{\partial x} \cdot \left.\frac{\partial \varphi}{\partial x}\right|_{z=\eta} \qquad (2-1)$$

线性波浪理论中假设波幅或波高相对于波长是无限小,流体质点的运动速度是缓慢的。因此,式(2-1)中的 $\dfrac{\partial \eta}{\partial x}$,$u_z = \dfrac{\partial \varphi}{\partial x}$ 均为小量,它们的乘积为高一阶小

量,相对于其他项可以忽略不计,于是得到线性化的自由表面运动边界条件

$$u_z \big|_{z=\eta} = \frac{\partial \eta}{\partial t} \tag{2-2}$$

同理,二维非线性波的自由表面动力边界条件为

$$\frac{\partial \varphi}{\partial t} \bigg|_{z=\eta} + g\eta + \frac{1}{2} \left[\left(\frac{\partial \varphi}{\partial x} \right)^2 + \left(\frac{\partial \varphi}{\partial z} \right)^2 \right] \bigg|_{z=\eta} = 0 \tag{2-3}$$

在线性波假设下,式中的非线性项 $\frac{1}{2} \left[\left(\frac{\partial \varphi}{\partial x} \right)^2 + \left(\frac{\partial \varphi}{\partial z} \right)^2 \right]$ 相对于其他项可以

忽略,于是得到线性化的自由表面动力边界条件

$$\eta = -\frac{1}{g} \cdot \frac{\partial \varphi}{\partial t} \bigg|_{z=\eta} \tag{2-4}$$

按照小振幅波的条件

$$\frac{\partial \eta}{\partial t} = \frac{\partial \varphi}{\partial z} \bigg|_{z=0} \tag{2-5}$$

$$\eta = -\frac{1}{g} \cdot \frac{\partial \varphi}{\partial t} \bigg|_{z=0} \tag{2-6}$$

对式(2-6)求导数,得

$$\frac{\partial \eta}{\partial t} = -\frac{1}{g} \left(\frac{\partial^2 \varphi}{\partial t^2} \right) \bigg|_{z=0} \tag{2-7}$$

由式(2-5)和式(2-7)得

$$\left(\frac{\partial \varphi}{\partial z} + \frac{1}{g} \frac{\partial^2 \varphi}{\partial t^2} \right) \bigg|_{z=0} = 0 \tag{2-8}$$

由此得到二维线性波的速度势 $\varphi(x, z, t)$ 的基本方程和边界条件

$$\begin{cases} \nabla^2 \varphi = \dfrac{\partial^2 \varphi}{\partial x^2} + \dfrac{\partial^2 \varphi}{\partial t^2} = 0 \quad R: \begin{cases} -d \leqslant z \leqslant 0 \\ -\infty < x < \infty \end{cases} \\ \dfrac{\partial \varphi}{\partial z} \bigg|_{z=-d} = 0 \\ \left(\dfrac{\partial \varphi}{\partial z} + \dfrac{1}{g} \dfrac{\partial^2 \varphi}{\partial t^2} \right) \bigg|_{z=0} = 0 \end{cases} \tag{2-9}$$

2.1.2　速度势及速度场

假设波面方程为

$$\eta = a\cos(kx - \omega t) \tag{2-10}$$

式中：a——线性波振幅。

速度势具有如下的一般形式

$$\varphi = A(z)\sin(kx - \omega t) \tag{2-11}$$

式中：$A(z)$——纵坐标 z 的函数。

由式(2-9)~式(2-11)，利用边界条件，通过求解微分方程组即可得到有限水深情况下二维线性波的速度势

$$\varphi = \frac{ga}{\omega} \frac{\mathrm{ch}[k(z+d)]}{\mathrm{ch}(kd)} \sin(kx - \omega t) \tag{2-12}$$

或

$$\varphi = \frac{gH}{2\omega} \frac{\mathrm{ch}[k(z+d)]}{\mathrm{ch}(kd)} \sin(kx - \omega t) \tag{2-13}$$

式中：H——波高；

d——水深；

k——波数。

根据速度势的性质，波浪中任意点(x, z)处的水平和垂直速度分别为

$$u_x = \frac{\partial \varphi}{\partial x} = \frac{gak}{\omega} \frac{\mathrm{ch}[k(z+d)]}{\mathrm{ch}(kd)} \cos(kx - \omega t)$$
$$= \frac{gk}{\omega} \frac{\mathrm{ch}[k(z+d)]}{\mathrm{ch}(kd)} \eta(t) \tag{2-14}$$

$$u_z = \frac{\partial \varphi}{\partial z} = \frac{gak}{\omega} \frac{\mathrm{sh}[k(z+d)]}{\mathrm{ch}(kd)} \sin(kx - \omega t)$$
$$= \frac{gk}{\omega} \frac{\mathrm{sh}[k(z+d)]}{\mathrm{ch}(kd)} \eta(t) \tag{2-15}$$

水平和竖直加速度分别为

$$\frac{\partial u_x}{\partial t} = gk \frac{\mathrm{ch}[k(z+d)]}{\mathrm{ch}(kd)} a\sin(kx - \omega t) = gk \frac{\mathrm{ch}[k(z+d)]}{\mathrm{ch}(kd)} \eta\left(t + \frac{T}{4}\right) \tag{2-16}$$

$$\frac{\partial u_z}{\partial t} = -gk \frac{\mathrm{sh}[k(z+d)]}{\mathrm{ch}(kd)} a\cos(kx - \omega t) = gk \frac{\mathrm{sh}[k(z+d)]}{\mathrm{ch}(kd)} \eta\left(t + \frac{T}{2}\right) \tag{2-17}$$

将式(2-12)代入式(2-8)得

$$\frac{kga}{\omega} \frac{\mathrm{sh}(kd)}{\mathrm{ch}(kd)} \sin(kx - \omega t) - \omega a \frac{\mathrm{ch}(kd)}{\mathrm{ch}(kd)} \sin(kx - \omega t) = 0 \tag{2-18}$$

故

$$\omega^2 = kg\,\text{th}(kd) \qquad\qquad (2-19)$$

式(2-19)为线性波的色散关系式,它表明了圆频率 ω 和波数 k 之间的关系。

利用式(2-19)可以进一步导出有限水深的周期 T、波长 L 和波速 c 三者之间的关系。

$$c = \frac{gT}{2\pi}\text{th}(kd) \qquad\qquad (2-20)$$

$$T = \sqrt{\frac{2\pi L}{g}\text{th}(kd)} \qquad\qquad (2-21)$$

$$L = \frac{gT^2}{2\pi}\text{th}(kd) \qquad\qquad (2-22)$$

在深水区域,一般 $\dfrac{d}{L} \geqslant 0.5$, $\text{th}(kd) \approx 1$,因此,式(2-19)~式(2-22)可表示为

$$\omega^2 = kg \qquad\qquad (2-23)$$

$$c = \frac{gT}{2\pi} \qquad\qquad (2-24)$$

$$T = \sqrt{\frac{2\pi L}{g}} \qquad\qquad (2-25)$$

$$L = \frac{gT^2}{2\pi} \qquad\qquad (2-26)$$

将式(2-23)代入式(2-14)~式(2-17),得深水区域 $\left(\dfrac{d}{L} \geqslant 0.5\right)$ 波浪中任意水质点的速度和加速度分别为

$$u_x = \omega\,\frac{\text{ch}[k(z+d)]}{\text{ch}(kd)}\eta(t) \qquad\qquad (2-27)$$

$$u_z = \omega\,\frac{\text{sh}[k(z+d)]}{\text{ch}(kd)}\eta(t) \qquad\qquad (2-28)$$

$$\frac{\partial u_x}{\partial t} = \omega^2\,\frac{\text{ch}[k(z+d)]}{\text{ch}(kd)}\eta\left(t+\frac{T}{4}\right) \qquad\qquad (2-29)$$

$$\frac{\partial u_z}{\partial t} = \omega^2\,\frac{\text{sh}[k(z+d)]}{\text{ch}(kd)}\eta\left(t+\frac{T}{2}\right) \qquad\qquad (2-30)$$

2.2　斯托克斯高阶波浪理论

斯托克斯理论作了这样的一个假定,在假定波浪运动基本方程的解答可以用

一个小参数 ε 的幂级数展开形式表达式,小参数 ε 波动特征有关的无因次常数,最有效的波动特征值在水深较大时为 H/L,在水深较小时为 H/d,因此在幂级数展开式中所取级数的项数愈多,接近于实际的波动特性就愈好。对于更高阶的理论如 Stokes 二至五阶理论,波高轮廓表示为[2]

$$k\eta = \sum_{n=1}^{5} \eta'_n \cos[n(kx - \omega t)] \qquad (2-31)$$

这里对于第一、二阶,$A = H/2$;对于更高的阶数,A 小于 $H/2$,是波长和水深的特殊函数。线性理论包括其第一项,高阶 Stokes 定理包括对应的高阶部分。例如,Stokes 二阶定理使用前两项,Stokes 五阶定理使用前五项。Stokes 波除了波高相对于波长不可视为无限小这一点外,与 Airy 波相类似,也是无旋波、其水表面呈周期性起伏的波动。根据势流理论在推导中考虑了波陡 H/L 的影响,认为 H/L 是决定波动性质的主要因素,证明波面不再为简单的余弦形式,而是呈波峰较窄而波谷较宽的接近于摆线的形状。Stokes 理论作了这样一个假设,即假定波浪运动基本是与波动特征值有关的无因次常数,最有效的波动特征值在水深较大时为 H/L,在水深较小时为 H/d。因此在幂级数展开式中所取级数的项数愈多,接近于实际的波动特性就愈好[3]。设未知的速度势 φ 和波面高度 η 为如下形式的幂级数

$$\varphi = \sum_{n=1}^{\infty} \varepsilon^n \varphi_n = \varepsilon^1 \varphi_1 + \varepsilon^2 \varphi_2 + \cdots + \varepsilon^n \varphi_n + \cdots$$

$$\eta = \sum_{n=1}^{\infty} \varepsilon^n \eta_n = \varepsilon^1 \eta_1 + \varepsilon^2 \eta_2 + \cdots + \varepsilon^n \eta_n + \cdots$$

式中每一项 φ_n 都是 Laplace 方程 $\nabla \varphi_n = 0$ 的独立解答,并都满足海底边界条件和自由表面条件。由低逐渐到高阶逐步接触这些偏微分方程,便可以得到它所有阶的近似解 φ_n。

5 阶 Stokes 波的数学模型为

$$\frac{k\varphi}{c} = \sum_{n=1}^{5} \varphi_n \mathrm{ch}[nk(z+d)]\sin[n(kx - \omega t)]$$

$$= (\lambda A_{11} + \lambda^3 A_{13} + \lambda^5 A_{15})\mathrm{ch}[k(z+d)]\sin(kx - \omega t) +$$

$$(\lambda^2 A_{22} + \lambda^4 A_{24})\mathrm{ch}[2k(z+d)]\sin[2(kx - \omega t)] +$$

$$(\lambda^3 A_{33} + \lambda^5 A_{35})\mathrm{ch}[3k(z+d)]\sin[3(kx - \omega t)] +$$

$$\lambda^4 A_{44}\mathrm{ch}[4k(z+d)]\sin[4(kx - \omega t)] +$$

$$\lambda^5 A_{55}\mathrm{ch}[5k(z+d)]\sin[5(kx - \omega t)]$$

波面高度:

$$k\eta = \lambda\cos(kx - \omega t) + (\lambda^2 B_{22} + \lambda^4 B_{24})\cos[2(kx - \omega t)] +$$
$$(\lambda^3 B_{33} + \lambda^5 B_{35})\cos[3(kx - \omega t)] + \lambda^4 B_{44}\cos[4(kx - \omega t)] +$$
$$\lambda^5 B_{55}\cos[5(kx - \omega t)]$$

波速：
$$kc^2 = C_0^2(1 + \lambda^2 C_1 + \lambda^4 C_2)$$

水质点速度和加速度的水平分量和垂直分量分别为

$$u_x = \frac{\partial\varphi}{\partial x}$$
$$= c\{(\lambda A_{11} + \lambda^3 A_{13} + \lambda^5 A_{15})\mathrm{ch}[k(z + d)]\cos(kx - \omega t) +$$
$$2(\lambda^2 A_{22} + \lambda^4 A_{24})\mathrm{ch}[2k(z + d)]\cos[2(kx - \omega t)] +$$
$$3(\lambda^3 A_{33} + \lambda^5 A_{35})\mathrm{ch}[3k(z + d)]\cos[3(kx - \omega t)] +$$
$$4\lambda^4 A_{44}\mathrm{ch}[4k(z + d)]\cos[4(kx - \omega t)] +$$
$$5\lambda^5 A_{55}\mathrm{ch}[5k(z + d)]\cos[5(kx - \omega t)]\} \tag{2-32}$$

$$u_z = \frac{\partial\varphi}{\partial z}$$
$$= c\{(\lambda A_{11} + \lambda^3 A_{13} + \lambda^5 A_{15})\mathrm{sh}[k(z + d)]\sin(kx - \omega t) +$$
$$2(\lambda^2 A_{22} + \lambda^4 A_{24})\mathrm{sh}[2k(z + d)]\sin[2(kx - \omega t)] +$$
$$3(\lambda^3 A_{33} + \lambda^5 A_{35})\mathrm{sh}[3k(z + d)]\sin[3(kx - \omega t)] +$$
$$4\lambda^4 A_{44}\mathrm{sh}[4k(z + d)]\sin[4(kx - \omega t)] +$$
$$5\lambda^5 A_{55}\mathrm{sh}[5k(z + d)]\sin[5(kx - \omega t)]\}$$

$$a_x = \frac{\partial u_x}{\partial t}$$
$$= \omega c\{(\lambda A_{11} + \lambda^3 A_{13} + \lambda^5 A_{15})\mathrm{ch}[k(z + d)]\sin(kx - \omega t) +$$
$$2^2(\lambda^2 A_{22} + \lambda^4 A_{24})\mathrm{ch}[2k(z + d)]\sin[2(kx - \omega t)] +$$
$$3^2(\lambda^3 A_{33} + \lambda^5 A_{35})\mathrm{ch}[3k(z + d)]\sin[3(kx - \omega t)] +$$
$$4^2\lambda^4 A_{44}\mathrm{ch}[4k(z + d)]\sin[4(kx - \omega t)] +$$
$$5^2\lambda^5 A_{55}\mathrm{ch}[5k(z + d)]\sin[5(kx - \omega t)]\} \tag{2-33}$$

$$a_z = \frac{\partial u_z}{\partial t}$$
$$= -\omega c\{(\lambda A_{11} + \lambda^3 A_{13} + \lambda^5 A_{15})\mathrm{sh}[k(z + d)]\cos(kx - \omega t) +$$
$$2^2(\lambda^2 A_{22} + \lambda^4 A_{24})\mathrm{sh}[2k(z + d)]\cos[2(kx - \omega t)] +$$
$$3^2(\lambda^3 A_{33} + \lambda^5 A_{35})\mathrm{sh}[3k(z + d)]\cos[3(kx - \omega t)] +$$
$$4^2\lambda^4 A_{44}\mathrm{sh}[4k(z + d)]\cos[4(kx - \omega t)] +$$
$$5^2\lambda^5 A_{55}\mathrm{sh}[5k(z + d)]\cos[5(kx - \omega t)]\}$$

式中 A，B 参见《海洋工程波浪力学》[3]。

这种 5 阶 Stokes 波的系数均是相对水深的函数，是由回归分析得到的。

2.3　随机波浪理论

海洋中的波浪是随机的，具有统计规律，可以利用概率统计理论进行研究，利用概率统计理论研究海浪现象的理论称为随机波浪理论。随机过程理论告诉我们，当一个随机过程的统计特性不随时间的迁移而变化（或者说，其统计特性与时间的起点无关）时，该过程可看作是平稳的。由于海上的气候条件有季节性的变化，因此，海洋中的波浪作为一个随机过程从长期而言并不具备平稳性。但对较短的一段时间来说，可以认为波浪是一个平稳的随机过程。此外，观测证实，波面升高 $\eta(t)$ 又是正态分布的[4]。于是，波浪的长期状态可以看成是由许多短期海况的序列组成的，在每一短期海况中，波浪是一个均值为零的平稳正态随机过程，且此随机过程具有各态历经性。各态历经性保证某一随机过程的一个具体样本能代替总体，通过一样本能推求出随机过程总体的统计特性。每一短期海况由表征波浪特性的参数以及该海况出现的频率来描述。常用的波浪参数为有义波高 H_s 和平均跨零周期 T_Z。H_s 定义为所有波浪中波高最大的三分之一波浪的平均波高，因此 H_s 也可表示为 $H_{1/3}$。T_Z 定义为波面升高在相邻两次以正斜率跨越零均值线之间的平均时间间隔。它是波浪过程的跨零率 f_0 的倒数，故有

$$T_Z = \frac{1}{f_0} = 2\pi \sqrt{\frac{m_0}{m_2}} \tag{2-34}$$

式中：m_0——波面谱的零阶矩；

$\quad\quad m_2$——波面谱工阶矩。

2.3.1　随机波浪波面高度的分布特性[5]

在随机波浪理论中，常将随机波浪看成是由许多不同波长、不同波幅、不同相位的规则余弦波分量叠加而成的，可以假定其振幅、频率、相位与方向都是随机量，但为处理简便，当前常仅假定相位是随机量。海面上某点的升高为

$$\eta(t) = \sum_{i=1}^{\infty} a_i \cos(k_i x - \omega_i t + \varepsilon_i) \tag{2-35}$$

式中：a_i——第 i 个余弦子波的振幅；

$\quad\quad k_i$——第 i 个余弦子波的波数，$k_i = 2\pi/L_i$；

$\quad\quad \omega_i$——第 i 个余弦子波的圆频率；

ε_i——第 i 个余弦子波的随机相位,可认为此随机变量服从 $0 \sim 2\pi$ 间均匀分布。

易证明 $\eta(t)$ 的均值为 0,即 $E[\eta(t)] = 0$。

自相关函数为

$$R[\eta(t)] = E[\eta(t)\eta(t+\tau)] = \sum_{i=1}^{\infty} \frac{1}{2}a_i^2\cos\omega_i\tau \qquad (2-36)$$

根据中心极限定理,η 的概率密度函数是正态分布的,该概率分布密度为

$$p(\eta) = \frac{1}{\sqrt{2\pi}\sigma_\eta}\exp\left(-\frac{\eta^2}{2\sigma_\eta^2}\right) \qquad (2-37)$$

式中:$\sigma_\eta^2 (= \overline{\eta^2(t)})$ ——波面高度的方差。

2.3.2　随机波浪谱

研究海浪的特征时,可以进行谱分析,用一个非随机的谱函数描述。海浪是一种复杂的随机过程,20 世纪 50 年代初皮尔生最先将瑞斯关于无线电噪音的理论应用于海浪,从此利用谱以随机过程描述海浪成为主要的研究途径。海浪的内部结构由它的各组成波所提供的能量来体现。海浪谱从数学意义上讲就是一个函数。所谓谱分析就是阐明海浪的能量相对于波浪频率、波浪传播方向或其他独立变量的分布规律,建立其函数关系。频谱是表明波浪能量相对于波浪频率的分布,方向谱是表明波浪能量相对于波浪频率和波向的分布[6]。

对振幅为 a_n 的规则波,单位波面(单位波长×单位波宽)的波浪内所具有的波能为

$$E_n = \frac{1}{2}\rho g a_n^2 \text{ 或 } E_n = \frac{1}{8}\rho g H_n^2 \qquad (2-38)$$

式中:a_n——波面振幅;

　　　H_n——波高。

可见波能量与波幅平方成正比。因此把 $\mathrm{d}\omega$ 范围内的各子波的 $\dfrac{a_n^2}{2}$ 迭加起来,并除以 $\mathrm{d}\omega$,得到一个 ω 的函数,令其为 $S_\eta(\omega)$,即

$$\sum_{\omega}^{\omega+\mathrm{d}\omega}\frac{a_n^2}{2} = S_\eta(\omega)\mathrm{d}\omega \qquad (2-39)$$

显然函数 $S_\eta(\omega)$ 比例于频率位于间隔 $\omega \sim \omega + \mathrm{d}\omega$ 内的各组成波提供的能量。如取 $\mathrm{d}\omega = 1$,则 $S_\eta(\omega)$ 比例于单位频率间隔内的能量,即表示波能密度。所以函数 $S_\eta(\omega)$ 称为波能谱密度函数,简称海浪谱。又因为能谱 $S_\eta(\omega)$ 是波浪频率 ω 的函数,表明波能相对于波频的分布,故又称频谱。

海浪谱 $S_\eta(\omega)$ 相对于原点的 n 阶矩, 以 m_n 表示, 即

$$m_n = \int_0^\infty \omega^n S_\eta(\omega) \, \mathrm{d}\omega \qquad (2-40)$$

$$m_0 = \int_0^\infty S_\eta(\omega) \, \mathrm{d}\omega \qquad (2-41)$$

海浪波面高度的方差 $\sigma_\eta^2(= \overline{\eta^2(t)})$ 也比例于单位波面内各组成波的总能量, 即

$$\sigma_\eta^2(= \overline{\eta^2(t)}) = \sum_{n=1}^\infty \frac{1}{2} a_n^2 \qquad (2-42)$$

因此

$$m_0 = \int_0^\infty S_\eta(\omega) \, \mathrm{d}\omega = \sigma_\eta^2 \qquad (2-43)$$

海浪的 $S_\eta(\omega)$ 分布于 $\omega = 0 \sim \infty$ 整个频域内, 但其显著部分却集中于一段狭窄的频率带内。波浪过程亦可按谱密度的形状分为窄带的和宽带的, 并用不规则系数 α 或带宽系数 ε 来表示。当波浪是窄带过程时, 波浪中的能量相对集中在较窄的频率范围内, 存在明显的主频率。这时, 波幅服从 Rayleigh 分布。由此可计算波浪过程的标准差 σ_η、跨零率 f_0、峰值率 n_0, 以及不规则系数 α 和带宽系数 ε 分别为

$$\begin{cases} \sigma_\eta = \sqrt{m_0} \\[2mm] f_0 = \dfrac{1}{2\pi}\sqrt{\dfrac{m_2}{m_0}} \\[2mm] n_0 = \dfrac{1}{2\pi}\sqrt{\dfrac{m_4}{m_2}} \\[2mm] \alpha = \sqrt{\dfrac{m_2^2}{m_0 \, m_4}} \\[2mm] \varepsilon = \sqrt{1 - \dfrac{m_2^2}{m_0 \, m_4}} \end{cases} \qquad (2-44)$$

目前求海浪谱的主要方法有[7]: ① 利用定点观测到的波面记录 $\eta(t)$, 计算波面高度的自相关函数, 然后经 Fourier 变换求得频谱。② 由观测资料得出波高与周期的联合分布函数, 经过理论推导, 得出能量相对于频率的分布。③ 由波浪能量平衡方程导出频谱。

目前国内外常用的海浪频谱有 P-M 谱和 JONSWAP 谱[1]。

1) P - M 谱

1964 年 Pierson 和 Moskowitz 依据北大西洋的实测资料,提出了一种新的能量谱形式,其表达式为

$$S(\omega) = \alpha g^2 \omega^{-5} \exp\left[-\beta\left(\frac{g}{U\omega}\right)^4\right] \tag{2-45}$$

式中,无因次常数 $\alpha = 0.008\,1$,上式所示的波谱仅含一个参数,即海面上 19.5 m 高处的风速 U,如假定波浪谱为一窄谱,由 $m_0 = \dfrac{\alpha U^4}{4 \times \beta \times g^2} = 2.84 \times 10^{-5}U^4$ 和 $H_s = 4.0\sqrt{m_0}$ 得

$$H_s = 0.21\frac{U^2}{g} = 2.14 \times 10^{-2}U^2 \tag{2-46}$$

将式(2-46)代入式(2-45)得

$$S(\omega) = 0.78\omega^{-5}\exp(-3.11 \times H_s^{-2}\omega^{-4}) \tag{2-47}$$

由 $\dfrac{\partial S(\omega)}{\partial \omega} = 0$ 可求得谱峰频率 $\omega_0 = 1.253/\sqrt{H_s}$

将 ω_0 代入式(2-47)可得

$$S(\omega) = 0.78\omega^{-5}\exp\left[-1.25\left(\frac{\omega}{\omega_0}\right)^{-4}\right] \tag{2-48}$$

P - M 谱为经验谱,由于所依据的资料比较充分,分析方法比较合理,使用也比较方便,因此在海洋工程和船舶工程中得到了广泛的应用。

2) JONSWAP 谱

JONSWAP 谱是由 Hassehian 等在"联合北海波浪计划"期间提出的。JONSWAP 谱的形式可由 P - M 谱经修改得到,通常有如下的表达形式

$$S(\omega) = \alpha g^2 \frac{1}{\omega^5}\exp\left[-1.25\left(\frac{\omega_m}{\omega}\right)^4\right]\gamma^{\exp\left[-\frac{(\omega-\omega_m)^2}{2\sigma^2\omega_m^2}\right]} \tag{2-49}$$

式中:γ—— 谱峰升高因子;

ω_m—— 谱峰频率;

H_s—— 有效波高;

g—— 重力加速度;

τ—— 峰形系数,取值为 $\begin{cases} \omega \leqslant \omega_m & \tau = \tau_a \\ \omega \geqslant \omega_0 & \tau = \tau_b \end{cases}$ 对于平均的 JONSWAP 谱而言

$\gamma = 3.3$,$\tau_a = 0.07$,$\tau_b = 0.09$。

将上述的 JONSWAP 谱用有效波高以及峰值频率来表示,则有如下的近似表达形式

$$S(\omega) = \alpha^* H_s^2 \omega_0 \left(\frac{\omega}{\omega_m}\right)^{-5} \exp\left[-1.25\left(\frac{\omega}{\omega_m}\right)^{-4}\right] \gamma^{\exp\left[-\frac{(\omega-\omega_m)^2}{2\tau^2\omega_0^2}\right]} \quad (2-50)$$

$$\alpha^* = \frac{0.062\,4}{0.230 + 0.033\,6\gamma - 0.185\,(1.9+\gamma)^{-1}} \quad (2-51)$$

当 γ 取 1 时, $\alpha^* = 0.312$,此时 JONSWAP 谱与 P - M 谱的表达形式一致。

JONSWAP 谱是由中等风况和有限风距情况测得的,多数使用经验表明,此谱和实测结果是符合的,而且可以适用不同成长阶段的风浪,因此得到了日益广泛的应用。

2.4　随机波浪力的确定

2.4.1　Morison 方程

作用于海洋结构物上的随机波浪荷载的计算是非常困难的。因为它包括了波浪和结构物之间的相互作用关系。就随机波浪的本质而言,目前高阶非线性理论发展仍不完备,直到目前为止,与波长相比尺度较小的细长柱体(例如圆柱体 $D/L < 0.2$) 的波浪力的计算,在工程设计中仍广泛采用莫里森方程[8]。它是以绕流理论为基础的半理论半经验公式。

该理论假定,柱体的存在对波浪运动无显著影响,认为波浪对柱体的作用主要是黏滞效应和附加质量效应。设有一柱体,直立在水深为 d 的海底上,波高为 H_s 的入射波沿 x 正向传播,柱体中心轴线与海底线的交点为坐标 (x, z) 的原点。如图 2 - 1 所示。

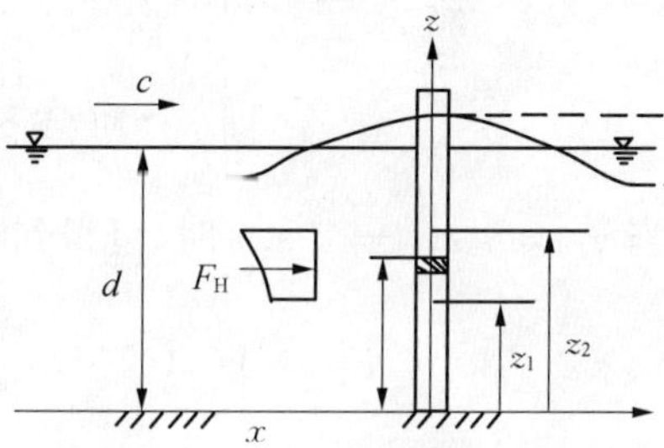

莫里森等认为作用于柱体任意 z(离海底以上的高度 z)处的水平波浪力 f_H 包

图 2 - 1　小尺度桩直立柱体波浪力计算的坐标系统

括两个分量:一个是波浪水质点运动的水平速度 u 引起对柱体的作用力——水平拖曳力 F_D,另一个是波浪水质点运动的水平加速度 $\dfrac{du}{dt}$ 引起对柱体的作用力——水平惯性力 F_I。又认为波浪作用在柱体上的拖曳力的模式与单向定常水流作用在柱体上的拖曳力的模式相同,即它与波浪水质点的水平速度的平方及柱体与波向的投影面积成正比;不同的是波浪水质点做周期性的往复震荡运动,水平速度是时正

时负的,故取 $u \mid u \mid$ 代替 u^2 以保证拖曳力的方向与速度的方向一致。当 $D/L < 0.2$ 时,可以认为柱体的存在对波浪运动无显著影响,所以 u 和 $\dfrac{\mathrm{d}u}{\mathrm{d}t}$ 可近似的分别采用柱体未插入波浪时相应于柱体轴中心位置处的水质点的水平速度和水平加速度 $\dfrac{\partial u}{\partial t}$。作用于直立柱体任意高度 z 处 $\mathrm{d}z$ 柱高上的水平波力 $\mathrm{d}F_H$ 为

$$\mathrm{d}F_H = \mathrm{d}f_I + \mathrm{d}f_D = C_M \rho A \frac{\partial u}{\partial t} \mathrm{d}z + \frac{1}{2} C_D \rho D u \mid u \mid \mathrm{d}z \qquad (2-52)$$

式中：$\mathrm{d}f_I$ ——作用在长度为 $\mathrm{d}z$ 柱体的水平惯性力；

$\quad\quad \mathrm{d}f_D$ ——作用在长度为 $\mathrm{d}z$ 柱体的水平拖曳力；

$\quad u, \dfrac{\partial u}{\partial t}$ ——柱体中心位置任意高度处波浪水质点的水平速度和水平加速度；

$\quad\quad A$ ——单位柱高垂直于波向的投影面积；

$\quad\quad \rho$ ——海水密度；

$\quad\quad C_D$ ——垂直于柱体轴线方向的拖曳力系数；

$\quad\quad C_M$ ——质量系数；

$\quad\quad D$ ——柱体直径。

为了得到作用在某一段柱体 $(z_2 - z_1)$ 上的水平波力,可将式(2-53)从高度 z_1 到高度 z_2 进行积分。

$$\begin{aligned} F_{H段} &= \int_{z_1}^{z_2} f_H \mathrm{d}z \\ &= \int_{z_1}^{z_2} (C_M \rho A \frac{\partial u}{\partial t} + \frac{1}{2} C_D \rho D u \mid u \mid) \mathrm{d}z \end{aligned} \qquad (2-53)$$

当 $z_1 = 0$、$z_2 = d + \eta$ 时,可得到整个柱体上的水平波力为

$$F_H = \int_0^{d+\eta} (C_M \rho A \frac{\partial u}{\partial t} + \frac{1}{2} C_D \rho D u \mid u \mid) \mathrm{d}z \qquad (2-54)$$

由式(2-55)可以看出正确计算作用在直立柱体上的水平波力的关键问题,一是针对所在海域的水深和设计波的波高、周期等条件,选用一种适宜的波浪理论来计算波浪的 $\eta, u, \dfrac{\partial u}{\partial t}$；二是选取合理的拖曳力系数 C_D 和质量系数 C_M[9]。

从上式可以看出水平波力的拖曳力项因含有 $u \mid u \mid$ 而属于非线性项,在工程应用中,经常将其进行线性化处理。

假定 $u \mid u \mid$ 可以表达为如下的线性形式

$$u \mid u \mid = c_1 u(t) \qquad (2-55)$$

这里假定水质点的速度 u 为具有零均值,标准差为 σ_u 的高斯分布,则最精确的线性化估计参数,可取 $c_1 = \sqrt{\dfrac{8}{\pi}}\sigma_u^2$, σ_u^2 为速度谱 $S_u(\omega)$ 的方差,可以表达为

$$\sigma_u^2 = \int_0^\infty S_u(\omega)\,\mathrm{d}\omega \qquad (2-56)$$

通过线性化近似,单位长度柱体上的波浪力可以表示为

$$f_{\mathrm{H}} = C_{\mathrm{M}} A_{\mathrm{I}} \frac{\partial u}{\partial t} + \frac{1}{2} C_{\mathrm{D}} A_{\mathrm{D}} \sqrt{\frac{8}{\pi}}\sigma_u u \qquad (2-57)$$

式中, $A_{\mathrm{I}} = \dfrac{\pi D^2}{4}$, $A_{\mathrm{D}} = \dfrac{\rho D}{2}$。

2.4.2 随机波浪力谱计算方法

1) 基于线性波理论

通常波浪荷载的设计条件都是以波面谱参数的形式给出的,因此在频率域为了确定波浪荷载与波面之间的关系,则需计算出从 $\eta(t)$ 到 $F^*(t)$ 的传递函数。根据输入谱和输出谱之间的关系有:

设已知 y 的谱密度函数 $S_y(\omega)$,则 x 的谱密度函数 $S_x(\omega)$ 可表达为

$$S_x(\omega) = \mid T_{xy}(\omega)\mid^2 S_y(\omega) \qquad (2-58)$$

式中: $T_{xy}(\omega)$ ——由 y 到 x 的传递函数。

对于波浪力 F^*,从波面到随机波浪力的传递函数 $T_{F^*\,\eta}(\omega)$ 为

$$\eta \to T_{F\eta}(\omega) \to F \qquad (2\text{-}59)$$

$$\left[T_{F^*\,\eta}(\omega)\right]^2 = \left[C_{\mathrm{M}} A_{\mathrm{I}} \frac{gk}{\mathrm{ch}(kd)}\int_0^d \mathrm{ch}(kz)\mathrm{d}z\right]^2 +$$

$$\left[C_{\mathrm{D}} A_{\mathrm{D}} \frac{gk}{\bar{\omega}\mathrm{ch}(kd)}\int_0^d \sqrt{\frac{8}{\pi}}\sigma_u\cos(kz)\mathrm{d}z\right]^2 \qquad (2-60)$$

式中: C_{D} ——拖曳力系数;

C_{M} ——质量系数;

$A_{\mathrm{I}} = \dfrac{\pi D^2}{4}$, $A_{\mathrm{D}} = \dfrac{\rho D}{2}$;

D ——柱体直径;

σ_u^2 ——速度谱 $S_u(\omega)$ 的方差;

k, d, ω ——分别代表波数,水深以及圆频率;

z——沿水深方向的纵向坐标。

因此可以得到波浪力谱为

$$S_{F^*\eta}(\omega) = \left[T_{F^*\eta}(\omega)\right]^2 S_\eta(\omega)$$

式中：$S_\eta(\omega)$——波面高度的谱密度函数，根据实际情况选择不同的波面谱[10]。

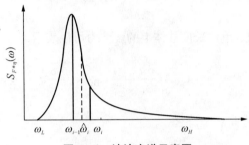

图 2-2　波浪力谱示意图

2）基于二阶 Stokes 波浪理论[11]

由式(2-60)，采用二阶 Stokes 波浪理论，可得从一阶项波面到一阶项随机波浪力的传递函数表示为

$$\mid T_{F_1\eta_1}(\omega)\mid^2 = \left|\sqrt{\frac{8}{\pi}}C_D A_D \frac{gk}{\omega \mathrm{ch}(kd)}\int_0^l \sigma_{u_1}\mathrm{ch}(kz)\mathrm{d}z\right|^2 +$$
$$\left|C_M A_I \frac{gk}{\mathrm{ch}(kd)}\int_0^l \mathrm{ch}(kz)\mathrm{d}z\right|^2 \tag{2-61}$$

一阶项波浪力谱 $S_{F_1\eta_1}(\omega)$

$$S_{F_1\eta_1}(\omega) = \mid T_{F_1\eta_1}(\omega)\mid^2 S_{\eta_1}(\omega) \tag{2-62}$$

同理从二阶项波面到二阶项随机波浪力的传递函数可以表示为

$$\mid T_{F_2\eta_2}(\omega)\mid^2 = \left|\sqrt{\frac{8}{\pi}}C_D A_D \frac{6\omega}{\mathrm{sh}(2kd)[2+\mathrm{ch}(2kd)]}\int_0^l \sigma_{u_2}\mathrm{ch}(2kz)\mathrm{d}z\right|^2 +$$
$$\left|C_M A_I \frac{12\omega^2}{\mathrm{sh}(2kd)[2+\mathrm{ch}(2kd)]}\int_0^l \mathrm{ch}(2kz)\mathrm{d}z\right|^2 \tag{2-63}$$

二阶项波浪力谱 $S_{F_2\eta_2}(\omega)$

$$S_{F_2\eta_2}(\omega) = \mid T_{F_2\eta_2}(\omega)\mid^2 S_{\eta_2}(\omega) \tag{2-64}$$

由式(2-62)、式(2-64)可得二阶 Stokes 波浪力谱 $S_{F\eta}(\omega)$

$$S_{F\eta}(\omega) = S_{F_1\eta_1}(\omega) + S_{F_2\eta_2}(\omega) \tag{2-65}$$

2.4.3 随机波浪力时域计算方法

1) 基于线性波理论

基于线性波浪理论,运用 Morison 方程进行仿真波浪力。作用在海洋平台桩腿上的波浪力可以表示为

$$F(z, t) = C_M A_I \int_0^d u(z, t) |u(z, t)| \mathrm{d}z + C_D A_D \int_0^d \dot{u}(z, t)\mathrm{d}z \quad (2-66)$$

式中:ρ——海水密度;

$u(z, t)$,$\dot{u}(z, t)$——分别为波浪水质点的水平速度和加速度。

如采用线性波理论可表示为

$$u(z, t) = \sum_{i=1}^m \alpha_i \omega_i \frac{\mathrm{ch}(k_i z)}{\mathrm{sh}(k_i d)} \cos(\bar{\omega}_i t + \varepsilon_i) \quad (2-67)$$

$$\dot{u}(z, t) = -\sum_{i=1}^M \alpha_i \omega_i \frac{2\mathrm{ch}(k_i z)}{\mathrm{sh}(k_i d)} \sin(\bar{\omega}_i t + \varepsilon) \quad (2-68)$$

$$\alpha_i = \sqrt{2S_\eta(\bar{\omega}_i)\Delta\omega_i}, \ \bar{\omega}_i = (\omega_i + \omega_{i-1})/2, \ \Delta\bar{\omega}_i = \omega_i - \omega_{i-1}$$

式中:ω_i,α_i 和 k_i——分别为波浪的频率、振幅和波数;

ε_i——第 i 个波的初始相位;

S_η——波面能量谱密度函数。

由式(2-66)~式(2-68)就可以数值模拟出随机波浪力。

2) 基于二阶 Stokes 波理论

随着平台工作海域水深的增加,波浪荷载的非线性项对平台动力响应的影响越来越大,因此,海洋平台的随机振动分析必须要考虑环境荷载的非线性。本部分基于二阶 Stokes 波浪理论和 Morison 方程,从时域建立随机波浪力数学模型并进行程序实现,完成随机波浪力时域数值计算工作。由 Morison 方程随机波浪荷载可以表示为

$$F(t) = \int_0^l f(z, t)\mathrm{d}z \quad (2-69)$$

$f(z, t)$ 由 Morison 方程可得

$$f(z, t) = C_M A_I \frac{\partial u}{\partial t} + C_D A_D \sqrt{\frac{8}{\pi}} \sigma_u u \quad (2-70)$$

从式(2-70)可以看出,要确定柱体所受的波浪载荷关键是要根据指定的设计环境选择合适的波浪理论确定相应的水质点速度和加速度。为了更准确地描述实际波浪运动,可以采用摄动展开的方法来求解非线性边值问题。Stokes 首先采用

这种方法处理有限振幅波问题，根据 Stokes 摄动展开式，所有二阶 Stokes 波浪理论结果都将用一阶解加二阶解得到。

由线性波理论可知一阶项速度和加速度如下：

$$u_1(t) = \frac{gk}{\omega} \frac{\mathrm{ch}(kz)}{\mathrm{ch}(kd)} \eta_1(t) \tag{2-71}$$

$$\frac{\partial u_1}{\partial t} = gk \frac{\mathrm{ch}(kz)}{\mathrm{ch}(kd)} \frac{H}{2} \sin(kx - \omega t) = gk \frac{\mathrm{ch}(kz)}{\mathrm{ch}(kd)} \eta_1\left(t + \frac{T}{4}\right) \tag{2-72}$$

将式(2-71)和式(2-72)代入式(2-70)，可得一阶波浪力

$$f_1(z, t) = C_M A_I gk \frac{\mathrm{ch}(kz)}{\mathrm{ch}(kd)} \eta_1\left(t + \frac{T}{4}\right) + C_D A_D \sqrt{\frac{8}{\pi}} \sigma_{u_1} \frac{gk}{\omega} \frac{\mathrm{ch}(kz)}{\mathrm{ch}(kd)} \eta_1(t) \tag{2-73}$$

式中，$\sigma_{u_1}^2$ 为一阶项速度谱方差，可表示为

$$\sigma_{u_1}^2 = \int_0^\infty \left| \frac{gk}{\omega} \frac{\mathrm{ch}(kz)}{\mathrm{ch}(kd)} \right|^2 S_{\eta_1}(\omega) \mathrm{d}\omega$$

由 Stokes 二阶波理论可知二阶水质点速度和加速度分别表示为[12]

$$u_2 = \frac{3\omega k H^2}{16} \frac{\mathrm{ch}(2kz)}{\mathrm{sh}(4kd)} \cos 2\theta \tag{2-74}$$

$$a_2 = \frac{3\omega^2 k H^2}{8} \frac{\mathrm{ch}(2kz)}{\mathrm{sh}(4kd)} \sin 2\theta \tag{2-75}$$

则可得二阶波浪力

$$f_2(z, t) = C_D A_D \sqrt{\frac{8}{\pi}} \sigma_{u_2} \frac{6\omega \mathrm{ch}(2kz)}{\mathrm{sh}(2kd)[2 + \mathrm{ch}(2kd)]} \eta_2(t) +$$
$$C_M A_I \frac{12\omega^2 \mathrm{ch}(2kz)}{\mathrm{sh}(2kd)[2 + \mathrm{ch}(2kd)]} \eta_2\left(t + \frac{T}{8}\right) \tag{2-76}$$

式中：$\sigma_{u_2}^2$ ——二阶项速度谱方差，可表示为

$$\sigma_{u_2}^2 = \int_0^\infty \left| 6\omega \frac{\mathrm{ch}(2kz)}{\mathrm{sh}(2kd)[2 + \mathrm{ch}(2kd)]} \right|^2 S_{\eta_2}(\omega) \mathrm{d}\omega$$

分别将式(2-73)和式(2-76)代入式(2-70)得桩腿所受的波浪力

$$F(t) = \int_0^l f_1(z, t)\mathrm{d}z + \int_0^l f_2(z, t)\mathrm{d}z$$

式中，

$$\int_0^l f_1(z,\,t)\mathrm{d}z = \int_0^d C_{\mathrm M}A_{\mathrm I}gk\,\frac{\mathrm{ch}(kz)}{\mathrm{ch}(kd)}\eta_1\!\left(t+\frac{T}{4}\right)\mathrm{d}z + \int_0^d C_{\mathrm D}A_{\mathrm D}\sqrt{\frac{8}{\pi}}\,\sigma_u\,\frac{gk}{\omega}\,\frac{\mathrm{ch}(kz)}{\mathrm{ch}(kd)}\eta_1(t)\mathrm{d}z$$

$$\int_0^l f_2(z,\,t)\mathrm{d}z = \int_0^d C_{\mathrm M}A_{\mathrm I}\,\frac{12\omega^2\,\mathrm{ch}(2kz)}{\mathrm{sh}(2kd)\,[\,2+\mathrm{ch}(2kd)\,]}\eta_2\!\left(t+\frac{T}{8}\right)\mathrm{d}z +$$

$$\int_0^d C_{\mathrm D}A_{\mathrm D}\sqrt{\frac{8}{\pi}}\,\sigma_{u_2}\,\frac{6\omega\,\mathrm{ch}(2kz)}{\mathrm{sh}(2kd)\,[\,2+\mathrm{ch}(2kd)\,]}\eta_2(t)\mathrm{d}z \qquad (2-77)$$

上式给出了广义随机波浪力的计算方法,式中波面 $\eta_1(t)$,$\eta_2(t)$ 可根据参考文献[1]中的不规则波面数值模拟方法来确定。$S_{\eta_1}(\omega)$,$S_{\eta_2}(\omega)$ 为波面高度的谱密度函数,根据不同的海况可选取不同的波谱,如 P - M 谱、JONSWAP 谱等。

参 考 文 献

[1] 俞聿修. 随机波浪及其工程应用[M]. 大连:大连理工大学出版社,1999.

[2] 马汝建,赵锡平. 三阶 Stokes 型随机波浪载荷谱研究[J]. 海洋科学,2002(11).

[3] 竺艳蓉. 海洋工程波浪力学[M]. 天津:天津大学出版社,1991.

[4] 俞聿修,柳淑学. 海浪的现场观测及其统计特性[J]. 港工技术,1994(3):1 - 11.

[5] 文圣常,余宙文. 海浪现论与计算原理[M]. 北京:科学出版社,1984.

[6] 俞聿修,柳淑学. 海浪方向谱的现场观测及其统计特性[J]. 海洋工程,1994,12(2):1 - 11.

[7] 文圣常,张大错,等. 改进的理论风浪频谱[J]. 海洋学报,1990,12(3):271 - 283.

[8] J. R. Mofison, M. P. O'Bfien, J. W. Johnson, et al. The force exerted by sin-face wave on piles[J]. Petroleum Transactions, AIME, 1950(189):149 - 154.

[9] 李玉成. Morison 方程水动力学系数归一化的探讨[J]. 水动力学研究与进展,1998,A,13(3).

[10] E. Bouws, H. Gunther, W. Rosenthal, et al. Similarity of the wind wave spectrum in finite depth water [J]. J. Geophys. Res, 1990 (C1):975 - 986.

[11] 万乐坤,嵇春艳,尹群. 基于二阶 Stokes 波理论的随机波浪力谱表示法研究[J]. 江苏科技大学学报(自然科学版),2007.

第 3 章　海洋平台随机动力响应分析方法

>>>>>>

　　海洋平台在服役期间会受到风、浪、流甚至是冰荷载的联合作用,受力情况极为复杂。在不同的设计目标中,海洋平台所受外力可以取不同的组合。基于分析比较海洋平台在控制前后振动响应的目的,本文仅考虑最为主要的载荷——随机波浪荷载对海洋平台的作用。本章采用有限元方法,建立海洋平台的数学模型,结合第 2 章给出的随机波浪力计算公式,推导出广义随机波浪力时域计算公式及频域谱密度函数的表达形式,在此基础上,分别从时域和频域的角度,推导出海洋平台在随机波浪荷载作用下的动力响应计算公式,并分别以导管架海洋平台和自升式海洋平台为例进行分析。

3.1　平台振动响应时域分析

1) 振动控制方程

　　在进行结构动力响应分析时,建立数学模型通常有三种方法:集中质量法、广义坐标法和有限元法。实际的海洋平台结构较为复杂,在计算分析时,本书采用精度较高的有限元法。考虑将平台离散为具有 n 个自由度的有限元系统,如图 3-1 所示。海洋平台运动方程可以表示为

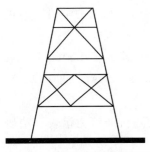

$$\boldsymbol{M}\ddot{\boldsymbol{x}}(t) + \boldsymbol{C}\dot{\boldsymbol{x}}(t) + \boldsymbol{K}\boldsymbol{x}(t) = \boldsymbol{E}\boldsymbol{F}(t) \qquad (3-1)$$

式中:$\ddot{\boldsymbol{x}}(t) = (\ddot{x}_1 \quad \ddot{x}_2 \quad \cdots \quad \ddot{x}_n)^T$——$n \times 1$ 维的结构节点的加速度向量;

$\dot{\boldsymbol{x}}(t) = (\dot{x}_1 \quad \dot{x}_2 \quad \cdots \quad \dot{x}_n)^T$——$n \times 1$ 维的结构节点的速度向量;

$\boldsymbol{x}(t) = (x_1 \quad x_2 \quad \cdots \quad x_n)^T$——$n \times 1$ 维的结构节点的位移向量;

图 3-1　海洋平台系统示意图

$\boldsymbol{M}$、$\boldsymbol{C}$、$\boldsymbol{K}$——分别为总体坐标系下系统的质量矩阵、阻尼矩阵以及刚度矩阵；

$F(t)$——r 维的广义随机波浪荷载，可由分布的波浪力计算得到；

$\boldsymbol{E}$——$n \times r$ 维的位置矩阵。

2) 时域求解方法

关于在时域求解如式(3-1)所表述平台的振动方程一般可以采用两类方法：① 直接积分法，就是按时间历程对上述微分方程直接进行数值积分，即数值解法。常用的数值解法有中心差分法、纽马克法和威尔逊 θ 法。② 模态(振型)叠加法[1]。

3.2　平台振动响应频域分析

3.2.1　状态空间方程

因海洋平台的振动响应具有随机性，通常将该随机过程视为零均值的随机过程，所以通常考虑采用响应的均方差在统计意义上来衡量海洋平台振动幅度。与式(3-1)相对应的状态空间方程为

$$\dot{\boldsymbol{Z}}(t) = \boldsymbol{A}\boldsymbol{Z}(t) + \boldsymbol{H}F(t) \quad \boldsymbol{Z}(0) = z_0 \tag{3-2}$$

式中：$\boldsymbol{Z}(t) = \begin{bmatrix} \boldsymbol{x}(t) \\ \dot{\boldsymbol{x}}(t) \end{bmatrix}$——$2n$ 维的状态向量；

$\boldsymbol{A} = \begin{bmatrix} \boldsymbol{0} & \boldsymbol{I} \\ -\boldsymbol{M}^{-1}\boldsymbol{K} & -\boldsymbol{M}^{-1}\boldsymbol{C} \end{bmatrix}$——$2n \times 2n$ 维的系数矩阵；

$\boldsymbol{H} = \begin{bmatrix} \boldsymbol{0} \\ \boldsymbol{M}^{-1}\boldsymbol{E} \end{bmatrix}$——$2n \times r$ 维位置矩阵。

上式中的 $\boldsymbol{0}$，$\boldsymbol{I}$ 分别为相应维数的零矩阵和单位矩阵。

3.2.2　从随机波浪力到响应的传递函数

对于平台上第 i $(i = 1, 2, 3, \cdots, n)$ 个节点的位移响应可以表示为

$$\boldsymbol{x}_i = \boldsymbol{C}_u \boldsymbol{Z}(t) \tag{3-3}$$

式中：$\boldsymbol{Z}(t)$——平台的状态向量，满足系统的状态空间方程；

$\boldsymbol{C}_u$——输出位置矩阵 $\boldsymbol{C}_u = \begin{bmatrix} 0 & \cdots & \underset{i}{1} & \cdots & 0 \end{bmatrix}$，即第 i 列的值为 1，其他各列均为零。

对于线性时不变系统，将式(3-2)左右两端进行拉普拉斯变换，在 $\boldsymbol{Z}(0) = 0$ 的条件下有[2]

$$s\bar{Z}(s) = A\bar{Z}(s) + H\bar{F}(s) \tag{3-4}$$

$\bar{Z}(s)$ 为 Z 的拉氏变换，$\bar{F}(s)$ 为波浪力 F^* 的拉氏变换，式中 $s = i\omega$，i 为虚数单位，则整理得

$$\bar{Z}(s) = T(s)\bar{U}(s)$$
$$T(s) = (sI - A)^{-1}H \tag{3-5}$$

所以输出的响应与波浪力之间的传递函数矩阵为

$$T_{x_iF^*}(\omega) = C_u(sI - A)^{-1}H \tag{3-6}$$

3.2.3 平台响应振动谱

由式(2-58)所定义的谱密度与传递函数之间的关系可知：

$$S_{x_i}(\omega) = |T_{x_i\eta}(\omega)|^2 S_F(\omega) \tag{3-7}$$
$$T_{x_i\eta}(\omega) = T_{x_iF^*}(\omega)T_{F^*\eta}(\omega) \tag{3-8}$$

$T_{x_iF^*}(\omega)$ 表示广义波浪力 F^* 到第 i 个节点位移响应的传递函数。

$T_{x_iF^*}(\omega)$ 和 $T_{F^*\eta}(\omega)$ 可分别由式(3-6)和式(2-60)来确定。

平台位移响应的方差可由位移响应谱沿频域积分得到

$$E[x_i^2] = \int_0^\infty S_{x_i}(\omega)d\omega \tag{3-9}$$

位移标准差可表示为

$$\sigma_{x_i} = \sqrt{E[x_i^2]} = \sqrt{\int_0^\omega S_{x_i}(\omega)d\omega} \tag{3-10}$$

速度谱密度函数可以表示为

$$S_{v_i}(\omega) = s^2 S_x(\omega) \tag{3-11}$$

加速度的谱密度函数可以表示为

$$S_{a_i}(\omega) = s^4 S_x(\omega) \tag{3-12}$$

3.3 导管架平台随机动力响应分析实例

3.3.1 导管架海洋平台概况

以位于墨西哥湾海域一导管架海洋平台为例，该平台水深 125 m，桩腿从上到下直径逐渐增大，水面处桩腿直径为 1.6 m，海底处桩腿直径为 3 m。主要结构参

数详见表 3-1。

表 3-1　平台的基本参数

	总质量/kg	等效固定高度/m	结构阻尼比/(%)	平均水深/m
平　台	15 570 000	160	4	125

3.3.2　海况参数及波浪力计算结果

根据所处海域海况,海浪谱选取 JONSWAP 谱,波浪参数取表 3-2 的两种海况。波浪作用方向沿 x 轴、y 轴以及沿与 x 轴夹角为 45°方向入射(坐标轴参见图 3-2 中标注的坐标方向)。两种海况的 JONSWAP 谱如图 3-3 所示。

表 3-2　波浪参数

工　况	有义波高/m	峰值周期/s
1	10	8
2	8	10

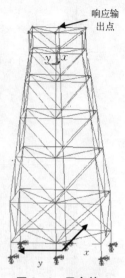

图 3-2　平台的 FE 模型

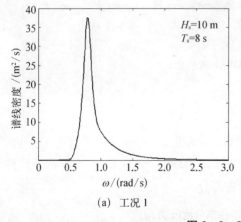

(a) 工况 1

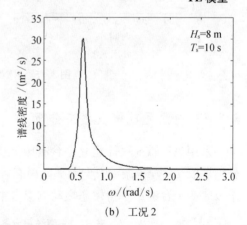

(b) 工况 2

图 3-3　JONSWAP 谱

根据表 3-1 所示海洋平台的基本参数,采用第 2 章给出的随机波浪荷载的计算方法对上述海况下的随机波浪进行数值仿真。将随机波浪力等效作用在桩腿上的水平面节点力,C_D,C_M 分别取 1.4 和 2.0,图 3-4 给出了两种海况下作用在单个桩腿的波浪力谱,图 3-5 给出了波浪力的时域响应。

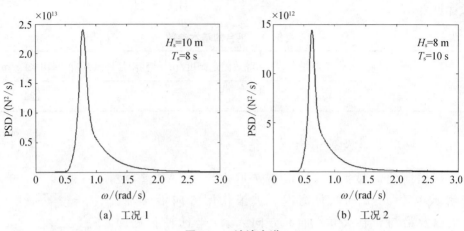

(a) 工况 1   (b) 工况 2

图 3-4　波浪力谱

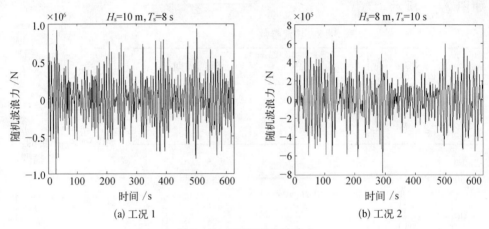

(a) 工况 1   (b) 工况 2

图 3-5　JONSWAP 波浪力

3.3.3　有限元建模及模态分析

采用 ANSYS 软件建立平台有限元模型,参见图 3-2 所示。进行模态分析,分别提取 x, y, z 振动方向前 3 阶模态,计算结果如表 3-3～表 3-5 所示。计算结果表明平台的第一价模态振动响应占主要部分。

表 3-3　海洋平台各阶模态参数(x 方向)

模态阶数 i	模态频率 ω_i /Hz	参与比例 Λ_i	阻尼比 ξ_i	模态质量 $\hat{M}_i$ /kg
1	0.427 7	0.788 6	0.04	11 855 300
2	1.843 6	0.163 7	0.04	2 461 670
3	2.576 2	0.008 2	0.04	122 733

表 3 - 4　海洋平台各阶模态的参数(y 方向)

模态阶数 i	模态频率 ω_i /Hz	参与比例 Λ_i	阻尼比 ξ_i	模态质量 $\hat{M}_i$ /kg
1	0.471 7	0.818 4	0.04	12 112 300
2	2.015 6	0.141 7	0.04	2 098 070
3	3.223 2	0.039 4	0.04	583 697

表 3 - 5　海洋平台各阶模态的参数(z 方向)

模态阶数 i	模态频率 ω_i /Hz	参与比例 Λ_i	阻尼比 ξ_i	模态质量 $\hat{M}_i$ /kg
1	2.491 7	0.979 1	0.04	12 012 900
2	2.576 2	0.011 4	0.04	140 078
3	2.430 3	0.009 4	0.04	115 032

3.3.4　平台动力仿真结果及分析

1) 工况 1(10 m, 8 s)

(1) 浪向沿 x 轴。

图 3 - 6~图 3 - 8 为结构在水平面处响应输出位置处(图 3 - 2)x 方向振动响应时程图。表 3 - 6 为结构响应输出位置处的振动响应情况。

表 3 - 6　浪向 x 方向振动响应(m)

	最大值 max	平 均 值	均方差 std
位　移	0.112 8	-2.0×10^{-5}	0.036 403
速　度	0.080 9	1.9×10^{-5}	0.023 653
加速度	0.049 7	3.6×10^{-4}	0.016 491

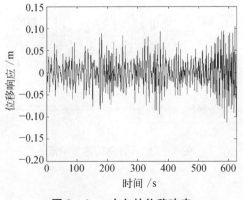

图 3 - 6　x 方向的位移响应

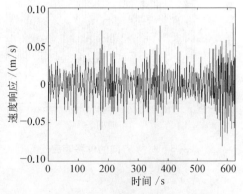

图 3 - 7　x 方向的速度响应

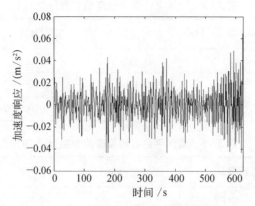

图 3-8　x 方向的加速度响应

（2）浪向沿 y 轴。

图 3-9～图 3-11 为结构在水平面处响应输出位置处的 y 方向的振动响应时程图。表 3-7 为结构在水平面处响应输出位置处的振动响应情况。

表 3-7　浪向 y 方向振动响应（m）

	最大值 max	平 均 值	均方差 std
位 移	0.097 4	-2.3×10^{-5}	0.035 3
速 度	0.065 4	2.0×10^{-6}	0.022 0
加速度	0.046 6	2.6×10^{-4}	0.014 5

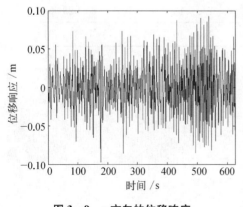

图 3-9　y 方向的位移响应

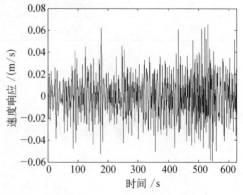

图 3-10　y 方向的速度响应

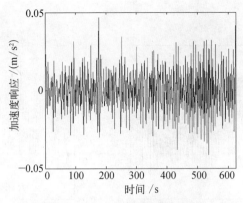

图 3‒11　y 方向的加速度响应

（3）45°浪向。

图 3‒12～图 3‒20 为结构在水平面处响应输出位置处的 x, y 方向的振动响应时程图。表 3‒8 为结构在响应输出位置处振动响应情况。

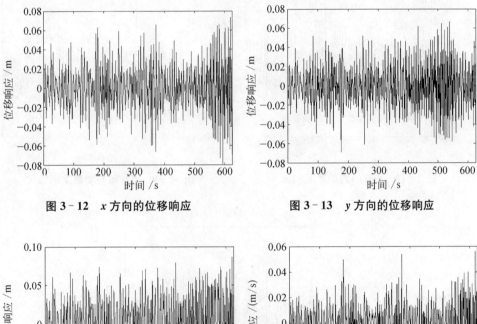

图 3‒12　x 方向的位移响应　　　　**图 3‒13　y 方向的位移响应**

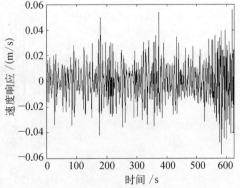

图 3‒14　总位移响应　　　　**图 3‒15　x 方向的速度响应**

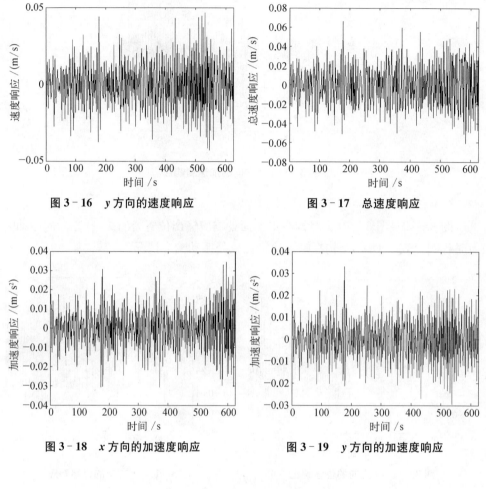

图 3‑16　y 方向的速度响应

图 3‑17　总速度响应

图 3‑18　x 方向的加速度响应

图 3‑19　y 方向的加速度响应

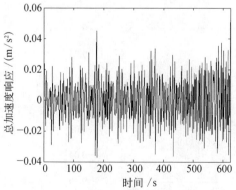

图 3‑20　总加速度响应

表 3 - 8　45 度浪向振动响应(m)

		最大值 max	平 均 值	均方差 std
位移/m	x 方向	0.079 3	-1.4×10^{-5}	0.025 6
	y 方向	0.069 0	-1.6×10^{-5}	0.025 1
	合响应	0.090 9	-1.28×10^{-4}	0.035 9
速度/(m/s)	x 方向	0.056 9	1.2×10^{-5}	0.016 6
	y 方向	0.046 7	1.0×10^{-6}	0.015 7
	合响应	0.066 6	3.8×10^{-5}	0.022 9
加速度/(m/s^2)	x 方向	0.034 7	2.58×10^{-4}	0.011 6
	y 方向	0.033 1	1.83×10^{-4}	0.010 1
	合响应	0.037 2	3.42×10^{-4}	0.015 4

2) 工况 2(8 m, 10 s)

(1) 浪向沿 x 轴。

图 3 - 21～图 3 - 23 为结构在水平面处响应输出位置处 x 方向的振动响应图。表 3 - 9 为结构在水平面处响应输出位置处的振动响应情况。

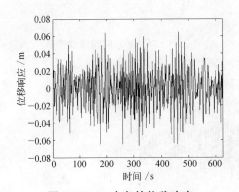

图 3 - 21　x 方向的位移响应

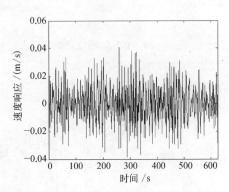

图 3 - 22　x 方向的速度响应

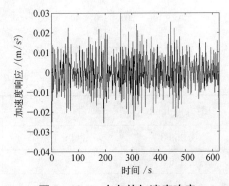

图 3 - 23　x 方向的加速度响应

表 3 - 9　浪向 x 方向振动响应(m)

	最大值 max	平 均 值	均方差 std
位移/m	0.066 6	$2.6×10^{-5}$	0.023 5
速度/(m/s)	0.040 6	$-5.1×10^{-5}$	0.014 3
加速度/(m/s²)	0.030 4	$-1.8×10^{-4}$	0.009 1

(2) 浪向沿 y 轴。

图 3 - 24～图 3 - 26 为结构在水平面处响应输出位置处 y 方向的振动响应图。表 3 - 10 为结构在水平面处响应输出位置处的振动响应情况。

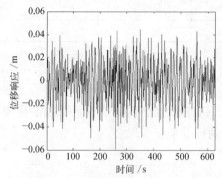

图 3 - 24　y 方向的位移响应

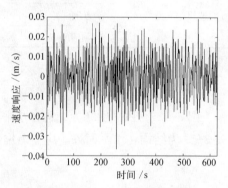

图 3 - 25　y 方向的速度响应

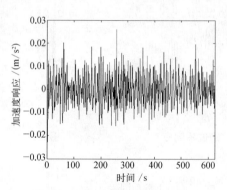

图 3 - 26　y 方向的加速度响应

表 3 - 10　浪向 y 方向振动响应(m)

	最大值 max	平 均 值	均方差 std
位移/m	0.059 3	$3.4×10^{-5}$	0.019 5
速度/(m/s)	0.036 8	$-1.8×10^{-5}$	0.011 5
加速度/(m/s²)	0.027 9	$-1.22×10^{-4}$	0.007 3

（3）45°浪向。

图 3‐27～图 3‐35 为结构在水平面处响应输出位置处 x、y 方向振动响应图。表 3‐11 为结构在水平面处响应输出位置处振动响应情况。

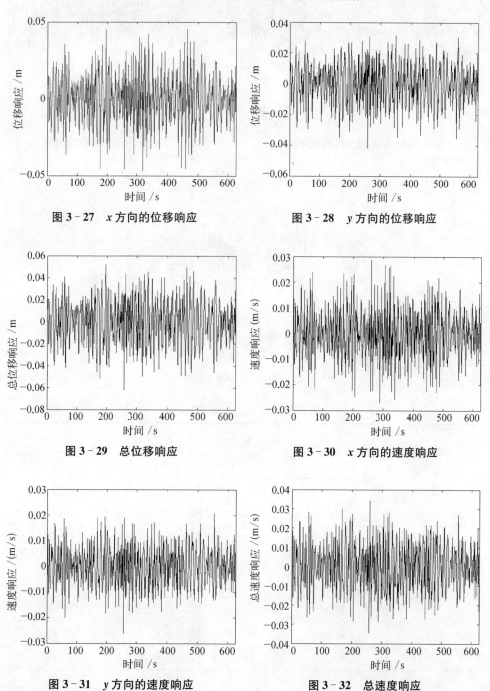

图 3‐27　x 方向的位移响应　　　　　图 3‐28　y 方向的位移响应

图 3‐29　总位移响应　　　　　　　图 3‐30　x 方向的速度响应

图 3‐31　y 方向的速度响应　　　　　图 3‐32　总速度响应

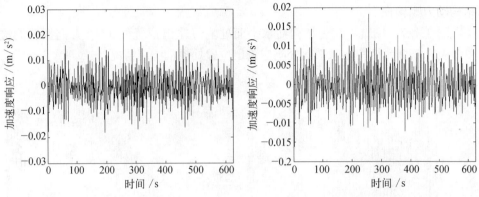

图 3 - 33　x 方向的加速度响应　　　　　图 3 - 34　y 方向的加速度响应

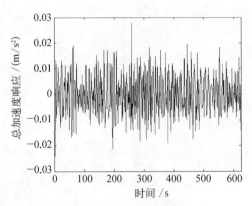

图 3 - 35　总加速度响应

表 3 - 11　5°浪向振动响应(m)

		最大值 max	平 均 值	均方差 std
位移/m	x 方向	0.046 8	1.9×10^{-5}	0.016 5
	y 方向	0.042 0	2.4×10^{-5}	0.013 8
	合响应	0.062 0	2.3×10^{-4}	0.021 6
速度/(m/s)	x 方向	0.028 6	-3.4×10^{-5}	0.010 1
	y 方向	0.026 1	-1.2×10^{-5}	0.008 2
	合响应	0.034 6	-2.13×10^{-4}	0.013 0
加速度/(m/s²)	x 方向	0.021 6	-1.26×10^{-4}	0.006 4
	y 方向	0.019 7	-8.6×10^{-5}	0.005 2
	合响应	0.029 3	-2.02×10^{-4}	0.008 3

数值分析的结果表明,该导管架海洋平台在给定工况的随机波浪载荷作用下

结构动力响应偏大,在有义波高为 10 m、峰值周期为 8 s 时位移振动响应幅值超过了 6 cm。同时由于该平台 y 方向的刚度要比 x 方向的刚度大,因此该平台在 x 方向波浪的作用下响应更为剧烈。

3.4　自升式平台动力响应分析实例

3.4.1　自升式平台概况

以墨西哥湾海域某深水自升式海洋平台作为数值仿真算例,该平台由三根桁架式桩腿和主船体组成,如图 3 - 36 所示。每根桩腿分为 21 节,每一节由弦杆、水平杆、斜撑杆和内水平撑杆组成,如图 3 - 37 所示,桩腿的具体结构尺寸见表 3 - 12 所示。

图 3 - 36　平台三维模型

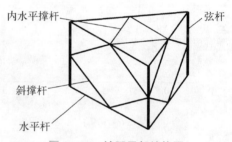

图 3 - 37　桩腿局部结构图

表 3 - 12　桩腿构件尺寸

构件名称	直径 d/m	壁厚 h/m
弦杆	0.8	0.04
水平杆	0.4	0.02
斜撑杆	0.4	0.02
内水平撑杆	0.2	0.01

为了方便计算波浪力,本算例将平台桁架式桩腿按文献[3]中所述的方法等效为相当圆柱,具体方法在此不赘述,且由于不同浪向情况下得到的等效桩腿直径和拖曳力系数差别极小,因此统一取等效桩腿直径为 1.7 m,拖曳力系数为 1.5,惯性力系数为 2.0,则平台的基本参数见表 3 - 13。

表 3 - 13　平台参数

	总质量/t	等效固定高度/m	等效桩腿直径/m	平均水深/m
平　　台	9 185.4	160	1.7	122

3.4.2　海况参数及波浪力计算结果

根据墨西哥湾海域的具体情况,海况参数同表 3 - 2,本书的海浪谱选取 JONSWAP 谱。

根据表 3 - 13 所示海洋平台的基本参数,对上述海况下的随机波浪进行数值仿真,得到作用于单个桩腿上的随机波浪力的频域和时域的仿真结果,如图 3 - 38 和图 3 - 39 所示。

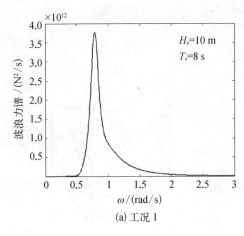
(a) 工况 1

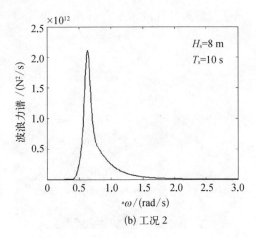
(b) 工况 2

图 3 - 38　波浪力谱

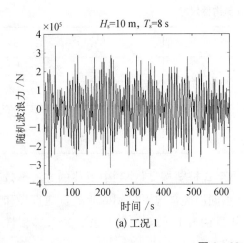
(a) 工况 1

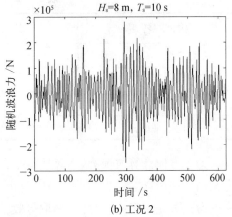
(b) 工况 2

图 3 - 39　波浪力

3.4.3　有限元建模及模态分析

采用 ANSYS 软件建立平台的 FE 模型,主坐标原点位于水平面处,沿高度 z 方向建模。桁架式桩腿泥面以上和泥面以下部分分别采用 PIPE59 单元和 PIPE20 单元建立,船体外壳和骨材分别采用 SHELL43 单元和 BEAM188 单元建立,采用 18 个 MASS22 质量点单元模拟平台甲板上的机械设备的重量,并调节质量点位置,使模型重心位置尽量与原始平台重心重合。建立好的平台 FE 模型如图 3 - 40 所示,对其进行模态分析,提取前 3 阶模态,分析结果如表 3 - 14、表 3 - 15 所示。

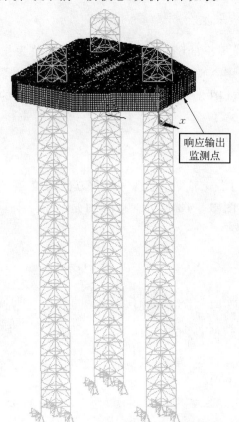

图 3 - 40　自升式海洋平台的 FE 模型

表 3 - 14　自升式平台模态参数(x 方向)

模态阶数 i	模态频率 ω_i /Hz	模态贡献度	阻尼比 ξ_i	模态质量 $\hat{M}_i$ /t
1	0.283	89.8%	0.04	7 826.3
2	2.177	6.7%	0.04	586.3
3	4.353	2.7%	0.04	239.3

表 3 - 15　自升式平台模态参数(y 方向)

模态阶数 i	模态频率 ω_i /Hz	模态贡献度	阻尼比 ξ_i	模态质量 $\hat{M}_i$ /t
1	0.283	90.7%	0.04	7 829.3
2	2.174	6.6%	0.04	570.8
3	4.219	2.5%	0.04	213.4

3.4.4　动力仿真结果及分析

采用 3.4.2 节模拟出的随机波浪载荷,将其等效为作用于平台桩腿水面处的水平节点力,采用 ANSYS 进行数值仿真瞬态分析,得到深水自升式海洋平台主船体上监测点(图 3 - 40)在随机波浪载荷作用下的振动响应。仿真结果如下:

1) 工况 1(10 m, 8 s)

(1) 浪向沿 x 轴。

当波浪作用方向沿 x 轴时,监测平台 x 方向的位移、速度和加速度响应,结果如图 3 - 41～图 3 - 43 所示,响应的最大值、平均值和均方差见表 3 - 16。

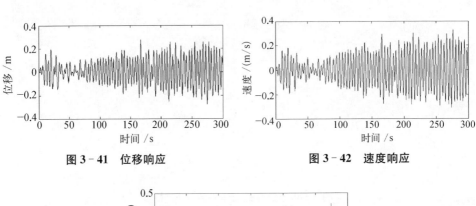

图 3 - 41　位移响应　　　　　　　　　图 3 - 42　速度响应

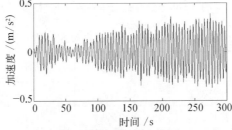

图 3 - 43　加速度响应

表 3 - 16　监测点沿波浪作用方向的振动响应

	最　大　值	平　均　值	均　方　差
位移/m	0.275 0	0.009	0.111 0
速度/(m/s)	0.326 2	−0.000 1	0.135 8
加速度/(m/s²)	0.390 2	0.000 3	0.168 7

（2）浪向沿 y 轴。

当波浪作用方向沿 y 轴时，监测平台 y 方向的位移、速度和加速度响应，结果如图 3 - 44～图 3 - 46 所示，响应的最大值、平均值和均方差见表 3 - 17。

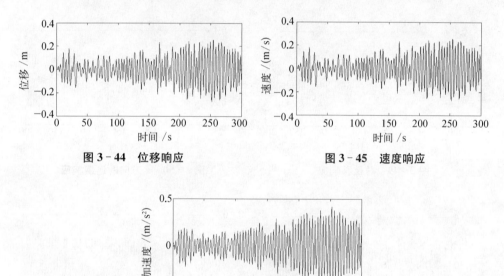

图 3 - 44　位移响应　　　　　　　　图 3 - 45　速度响应

图 3 - 46　加速度响应

表 3 - 17　监测点沿波浪作用方向的振动响应

	最　大　值	平　均　值	均　方　差
位移/(m)	0.274 5	0.000 3	0.108 1
速度/(m/s)	0.327 4	0.000 2	0.132 8
加速度/(m/s²)	0.415 9	−0.000 1	0.165 6

（3）浪向与 x 轴成 45°。

当波浪作用方向与 x 轴成 45°时，监测平台 x 方向和 y 方向的位移、速度和加速度响应,结果如图 3-47～图 3-55 所示,响应的最大值、平均值和均方差见表 3-18。

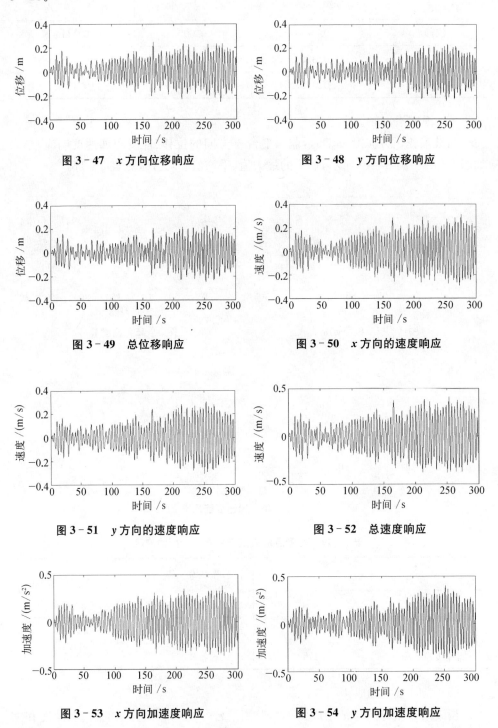

图 3-47　x 方向位移响应

图 3-48　y 方向位移响应

图 3-49　总位移响应

图 3-50　x 方向的速度响应

图 3-51　y 方向的速度响应

图 3-52　总速度响应

图 3-53　x 方向加速度响应

图 3-54　y 方向加速度响应

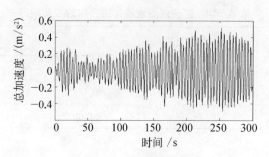

图 3－55　总加速度响应

表 3－18　监测点的振动响应

		最 大 值	平 均 值	均 方 差
位移/m	x 方向	0.254 1	0.005 4	0.101 8
	y 方向	0.246 8	0.000 3	0.097 2
	合响应	0.323 1	0.004 5	0.140 8
速度/(m/s)	x 方向	0.309 3	−0.000 1	0.129 3
	y 方向	0.305 1	0.000 2	0.123 8
	合响应	0.407 8	0.001 5	0.179 0
加速度/(m/s^2)	x 方向	0.380 2	0.000 3	0.165 0
	y 方向	0.398 1	−0.000 1	0.158 5
	合响应	0.514 5	0.001 4	0.228 8

2) 工况 2(8 m, 10 s)

限于篇幅有限，此处仅给出工况 2 下海洋平台不同浪向时振动响应的最大值、平均值和均方差，如表 3－19～表 3－21 所示。

（1）浪向沿 x 轴。

表 3－19　监测点沿波浪作用方向的振动响应

	最 大 值	平 均 值	均 方 差
位移/m	0.226 0	0.001 8	0.084 5
速度/(m/s)	0.273 6	0.000 1	0.104 0
加速度/(m/s^2)	0.329 4	−0.000 1	0.129 1

（2）浪向沿 y 轴。

表 3-20 监测点沿波浪作用方向的振动响应

	最　大　值	平　均　值	均　方　差
位移/m	0.225 6	0.000 1	0.080 0
速度/(m/s)	0.274 6	0.000 3	0.098 3
加速度/(m/s^2)	0.351 0	−0.000 1	0.122 2

（3）浪向与 x 轴呈 45°。

表 3-21 监测点的振动响应

		最　大　值	平　均　值	均　方　差
位移/m	x 方向	0.164 4	0.000 8	0.061 0
	y 方向	0.159 6	0.000 0	0.056 5
	合响应	0.208 8	0.000 9	0.083 3
速度/(m/s)	x 方向	0.196 6	0.000 2	0.075 1
	y 方向	0.194 2	0.000 1	0.069 4
	合响应	0.259 4	0.000 3	0.102 2
加速度/(m/s^2)	x 方向	0.237 0	0.000 2	0.093 2
	y 方向	0.248 2	0.000 1	0.086 5
	合响应	0.321 0	−0.000 1	0.127 1

　　数值分析的结果表明,该深水自升式海洋平台在给定工况的随机波浪载荷作用下结构动力响应很大,在有义波高为 10 m、峰值周期为 8 s 位移振动幅值可达27 cm以上;有义波高为 8 m、峰值周期为 10 s 的波浪作用下,平台的振动幅值也在 20 cm 以上,响应较为剧烈。同时由于该平台 x 方向刚度和 y 方向刚度基本相同,因此在 x,y 浪向作用下平台的动力响应幅度较为接近。此外计算结果表明 45°斜浪可能诱发平台更为剧烈的振动。严重威胁到了平台的使用安全,因此,需要对平台结构采取必要的减振措施。

参 考 文 献

［1］　邹经湘.结构动力学［M］.哈尔滨:哈尔滨工业大学出版社,1996.

［2］　俞聿修.随机波浪及其工程应用［M］.大连:大连理工大学出版社,1999.

［3］　窦培林,杜训柏,胡礼明.基于随机波浪谱对深水区自升式平台动力响应分析［J］.中国海洋平台,2009,24(6):25-30.

第 4 章　智能控制基本理论

4.1　研　究　现　状

　　智能控制包括智能控制装置和智能控制策略。智能控制装置目前大量研究的主要有智能材料或智能阻尼装置,诸如电/磁流变液体、压电材料、电/磁致伸缩材料和形状记忆材料等智能驱动材料和器件为标志的结构智能控制,它的控制原理与主动控制基本相同,只是实施控制力的作动器是智能材料制作的智能驱动器或智能阻尼器。智能阻尼器通常需要比液压或电机式作动器更少的外部输入能量并基本和完全实现主动最优控制力。智能阻尼器与半主动控制装置类似,仅需要少量的能量调节即可实现主动最优控制力。目前代表性的智能阻尼器主要有:磁流变液阻尼器(MRFD)和压电摩擦阻尼器。磁流变阻尼器已经应用于日本的一座博物馆建筑和 Keio 大学的一栋居住建筑,主要用于减轻地震带来的结构振动。我国的岳阳洞庭湖大桥也安装了磁流变阻尼器,主要用于减轻风致振动。智能控制策略指采用诸如专家控制、模糊控制、神经网络控制和遗传算法等智能控制算法为标志的结构智能控制,它与主动控制的差别主要表现在不需要精确的结构模型、采用智能控制算法确定输入或输出反馈与控制增益的关系,但控制力还是需要很大的外部能量输入。1995 年日本 Nakajima 桥梁的桥塔采用了 AMD 控制系统,该控制系统是基于模糊控制算法进行设计的。下面从两个方面介绍智能控制装置和智能控制方法的研究现状。

4.1.1　智能控制装置研究现状

　　智能材料的基本特点是具有自身感知环境的变化,并做出相应响应。国内外已有的研究工作表明,适用于控制装置的智能驱动材料主要有以下几种,即:形状记忆材料、压电材料、磁致伸缩材料、电/磁流变材料以及磁控形状记忆合金等。采用这些智能材料制成的电(磁)或温度调节的被动减振装置和主动控制驱动装置将会成为结构振动控制的新一代减振驱动装置。下面介绍这几种智能材料的国内外研究与应用情况[1]。

1) 形状记忆材料

形状记忆合金(shape memory alloys，SMA)除了响应频率较低以外，具有独特的形状记忆效应和超弹性性能，这使得它能够产生较大的恢复应力和恢复应变，因而被广泛地应用于研究结构主动或被动振动控制中[2]，其中，SMA 作为驱动器在航空、航天等领域研究和应用得比较多，在土木工程中还不多见[3]。

目前，国内外有关形状记忆合金在结构振动控制方面的研究主要集中在力学模型的建立以及利用形状记忆合金耗能器控制桥梁和框架等结构地震反应分析等方面，有关研究成果已在实际工程中得到应用。在国内，王征等[4]将 SMA 作为分散驱动器埋入或粘贴在玻璃钢悬臂梁上，利用它的形状记忆效应进行结构的振动主动控制，对梁的一、二阶共振状态进行了试验研究。结果表明，SMA 触发后，梁的共振频率均减小，自由端振幅减小显著，最多减小了 54.7%。Shu 等[5]指出了 SMA 作为外部驱动器的优点：其对悬臂梁弹性刚度的增加可以忽略不计；在同样驱动力作用下，其产生的驱动力矩比内部埋入 SMA 产生的大；有利于 SMA 的快速冷却，这对于驱动器在高频情况下进行结构形状控制非常重要。王社良和苏三庆[6,7]利用这一性质研究了超弹性 SMA 弹簧质量振子的动力响应，并通过动力反应分析检验了其减振机理和效果，通过调节温度实现了对结构的振动控制。

在国外，已利用形状记忆合金的超弹性性能对一些古建筑进行了加固。1996年，在意大利 Emilia Romagna 地区的地震中，佐治亚教堂的钟塔遭到严重的破坏，加固方案采取在钟塔内加设连有 SMA 阻尼器的后张拉预应力筋，在 2000 年 6 月的相同震级的地震中，经过修复的钟塔经受住了考验[8,9]。Higashion[10]、Mauro[11]、Robert[12]等从被动控制的角度出发研制出了多种新型阻尼器，并在多层结构振动试验中取得了较明显的控制效果。DesRoches[13]则研究了如何利用形状记忆合金阻尼器来减轻地震对桥梁产生的损伤。

2) 压电材料

压电材料，由于其正负压电效应，是一种既能作为驱动材料又能作为传感材料的智能材料。在工程应用中，一般分为压电晶体、压电纤维、压电陶瓷和压电聚合物等几类。后两类应用较多，其中压电陶瓷是研究智能工程结构驱动装置时较为常用的一种。

压电陶瓷材料(PZT)在外加电场作用下会产生伸缩变形，即逆压电效应。压电陶瓷应用于作动器中时，应用了压电材料的逆压电效应，具有励磁功率小和响应速度快的优点。早在 1922 年，Langevin 就建议将压电晶体材料制成驱动器。压电智能材料振动控制的方法主要有被动控制、主动控制以及主被动混合控制等 3 种。

压电被动控制系统结构简单，易于实现，成本较低，但控制上不够灵活，对突发性环境变化的应变能力差，一般不采用。与被动控制相比，压电主动控制具有较大的灵活性，对环境的适应能力强。它具有密实性好、反应速度快、精度高及外加能源低等优点，是当前振动工程中的一个研究热点。主被动混合控制也是当前振动工程的一个新兴方向。

在国内，陈勇、陶宝祺[14]等人以悬臂梁为对象，瞿伟廉等[15]以框架结构为对象对基于压电材料的结构振动主动控制进行了研究，取得了很好的效果。唐永杰等[16]对压电耦合悬臂梁所作的试验表明：压电主、被动混合控制的效果优于单独的主动或被动控制。瞿伟廉等[17]设计出一种新型智能摩擦阻尼器，并采用基于经典最优控制理论的半主动控制方法对高耸钢塔结构风振反应控制进行了研究。

在国外日本学者在 1 榀 4 层钢框架的振动控制试验中证实：压电减振系统能有效降低结构地震反应。

3) 磁致伸缩材料

智能材料中的磁致伸缩材料通常指的是大磁致伸缩材料（也叫超磁致伸缩材料，Terfenol-D）。该智能材料运用了该材料因磁化状态的改变而导致磁性体产生应变的磁致伸缩现象。Terfenol-D 有许多优点，如变形大、驱动电压低、弹性模量高、频响性好等，是制作大能量驱动器的良好材料。

在国外，20 世纪 80 年代末，Hiller 等就已经采用简单的比例反馈控制律，对采用 Terfenol-D 制成的驱动器用于主动隔振的有效性[18]进行了试验验证。20 世纪 90 年代，Geng Z 采用 Terfenol-D 驱动器进行了 6 自由度平台的主动振动控制试验研究，结果平台的振动减小了 30 dB[19]。AnjappaM 等人进行了微位移执行器及其在悬臂梁减振方面的研究，藤田隆史等人则用磁致伸缩执行器进行了主动微振动控制系统的基础理论研究。

目前国内将超磁致伸缩材料应用于超精密加工中的微位移驱动器的例子也很多，如西北工业大学[20]研制的微位移驱动器可实现位移分辨率达 0.5 nm，行程范围达 40 μm。并设计制作了很多主动振动控制器，对其进行了试验与分析，取得了较好的控制效果。

尽管如此，磁致伸缩材料仍有诸多难以克服的缺点和局限。以 Terefnol-D 材料为例，其在实验中得到的最大磁致伸缩值已接近其理论最大值，但其理论最大磁致伸缩值也只有 2.45×10^{-3}，且这类材料还普遍具有易脆性，这使得机械加工非常困难；此外，稀土金属的价格较为昂贵，高频下涡流损耗也较大，从而使得磁致伸缩材料的实际应用受到很大限制，所研制的控制器还只能控制小型结构或器械，对于大型结构的控制还有待进一步的研究开发。

4) 电/磁流变材料

电流变（简称 ER）体和磁流变（简称 MR）体，两者性能极为相似。在电场或磁场的作用下，这些颗粒能在瞬间形成"链"状，混合物变成具有一定屈服强度的半固体,并能提供一定的屈服力。近些年来,人们对利用电(磁)流变体进行结构振动控制开展了大量的研究,已研制出多种减振控制器,同时对结构控制方法也作了一系列的探索研究,特别是磁流变体(MR)制成的阻尼器,它们具有响应快、阻尼力大、功耗小等优良性能。机构简单、响应快、动态范围大、耐久性好,即使在控制系统失效的情况下仍可充当被动控制器件,具有很高的可靠性。

在国外,1995 年美国 Lord 公司在第五届电磁流变体国际会议上展示了具有高性能参数的电流变液和相应研制成功的几种性能优良的小型磁流变液阻尼装置,引起学术界很大震动,从而掀起了磁流变液及装置的研究热潮。对于多层结构,Dyke(1996)等人[21]利用 MR 阻尼器对一座 3 层钢框架结构的地震反应进行了实时控制。在大跨度结构振动控制中,Gordaninejad 等[22]对 2 座设置了 MR 阻尼器的桥梁振动性能进行试验研究,结果表明,MR 流体阻尼器能够明显减小桥面与桥墩间的相对位移。2001 年日本东京国家新兴科技博物馆——Nihon-Kagaku-Miraikan 建筑首次将 MR 阻尼器用于地震反应控制。Spencer 和 Dyke 等人[23]设置了 30 个 MR 阻尼器来控制 1 座 20 层的钢框架结构的地震反应。

在国内,我国基本上是从 1995 年开始磁流变液及其器件研究的。1997 年哈尔滨工业大学欧进萍和关新春等人系统地研究和开发 MR 阻尼器,将其应用于海洋平台结构和大型桥梁斜拉索振动控制当中。孙树明、梁启智[24]提出了一种具有隔震构造的半主动磁流变阻尼器对一独桩平台的地震反应进行控制。数值计算表明,半主动磁流变阻尼器可以有效地控制隔震独桩平台在地震作用下的位移反应。李宏男[25]使用 MR 阻尼器对 3 层框架剪力墙偏心结构进行半主动控制研究,试验结果表明,使用 MR 阻尼器可以显著减小结构的层间位移与扭转。

4.1.2　智能控制策略研究现状及发展趋势

智能控制思想是由美国普渡大学的傅京逊(K. S. Fu)教授于 20 世纪 60 年代中期提出的。1965 年扎德(L. A. zadeh)教授提出了模糊集合论[26],为模糊控制奠定了基础。1966 年门德尔(J. M. Mendcl)教授首先提出将人工智能应用于飞船控制系统的设计。萨里迪斯(G. N. Saridis)于 1977 年出版的《随机系统自组织控制》一书以及 1979 年发表的综述文章"朝向智能控制的实现"反映了智能控制的早期思想。20 世纪 80 年代是智能控制研究的迅速发展时期,1984 年奥斯特洛姆(k. J. Astron)提出专家系统的概念,同期 Rumelhart 提出 BP(back propagation)算法。1985 年 8 月,IEEE 在美国纽约召开了第一届智能控制学术讨论会,这标志着智能控制这一新体系的形成。现代控制理论虽然从理论上解决了系统的可控性、可观测性、稳定性及很多复杂的控制问题,但各种控制方法都是以控制对象具有精确的数学模型为基础的,而现在结构多为非线性的复杂系统,因此研究如何不依赖于受控结构的精确模型的控制策略成为研究热点。目前,智能控制在结构领域的应用研究主要集中于模糊控制、神经网络控制、进化算法及三者的相互结合。

虽然智能控制已有 20 多年的发展历史,但仍然只处于开创性研究阶段。就目前智能控制系统的研究和发展来看,智能控制还有许多问题有待解决,主要有:① 智能控制理论与应用的研究。充分运用仿真、模糊等科学的基本理论,深入研究人类解决、分析、思考问题的技巧、策略等;② 建立切实可行的智能控制体系结构;③ 研究适合智能控制系统的并行处理机、信号处理器、传感器和智能开发工具软件,使智能控制得到广泛的应用;④ 开发具有智能功能的复合材料,将具有智能属性的材料嵌入平台的局部结构,或者利用智能特性复合材料制作结构的某些容易损伤的部件,从而使结构具有感知、自适应和自修复功能。

智能控制已广泛地应用于工业、农业、军事等多个领域,解决了大量的传统控制无法解决的实际控制应用问题,呈现出强大的生命力和发展前景。随着基础理论研究和实际应用的不断深入扩展,智能控制将会产生新的飞跃。

4.2   模糊控制方法[30,31]

模糊控制理论的研究和应用在现代控制领域中具有重要的地位和意义。模糊控制不仅适用于小规模线性单变量系统,而且逐渐向大规模、非线性复杂系统扩展,具有易于掌握、输出量连续、可靠性高、能发挥熟练专家操作的良好自动化效果等优点。最近几年,对于经典模糊控制系统稳态性能的改善,模糊集成控制、模糊自适应控制、专家模糊控制与多变量模糊控制的研究,特别是针对复杂系统的自学习与参数自调整模糊系统方面的研究,尤其受到各国学者的重视。

4.2.1   模糊控制器结构

随着人们对模糊控制器的深入研究和广泛应用,模糊控制器从原来单一的结构形式已发展成为多种多样的结构形式。从模糊控制器输入、输出变量的个数多少可以分为单变量模糊控制器和多变量模糊控制器;按模糊控制器建模形式的不同又可以分成多值逻辑模型、数学方程模型和语言规则模型的模糊控制器;从控制功能上可分为自适应模糊控制器、自组织模糊控制器、自学习模糊控制器和专家模糊控制器等。不论哪种模糊控制器,从它们的结构上来看其基本组成是不变的,仅是在设计机理和性能上有所改进。

4.2.2   语言变量、论域的选取

1) 语言变量的选取

模糊控制器的控制规则表现为一组模糊条件语句,在条件语句中描述输入输

出变量状态的一些词汇(如"正大"、"负小"等)的集合,称为这些变量的词集。一般说来,人们总是习惯于把事物分为三个等级,如物体的大小可分为大、中、小;运动的速度可分为快、中、慢;年龄的大小可分为老、中、青;人的身高可分为高、中、矮;产品的质量可分为好、中、次。由于人的行为在正、负两个方向的判断基本上是对称的,将大、中、小加上正、负两个方向并考虑变量的零状态,共有七个词汇,即:

$$\{负大\quad 负中\quad 负小\quad 零\quad 正小\quad 正中\quad 正大\}$$

一般用英文字头缩写为:

$$\{NB\quad NM\quad NS\quad O\quad PS\quad PM\quad PB\}$$

其中 M = Medium。

选择较多的词汇描述输入、输出变量,可以使制定控制规则方便,但是控制规则相应变得复杂。选择词汇过少,使得描述变量变得粗糙,导致控制器的性能变坏。一般情况下,都选择上述七个词汇,但也可以根据实际系统需要选择三个或五个语言变量。

对于误差变化这个输入变量,选择描述其状态的词汇时,常常将"零"分为"正零"和"负零",这样的词集变为:

$$\{负大\quad 负中\quad 负小\quad 负零\quad 正零\quad 正小\quad 正中\quad 正大\}$$
$$\{NB\quad NM\quad NS\quad NO\quad PO\quad PS\quad PM\quad PB\}$$

2) 论域及基本论域

我们把模糊控制器的输入变量误差 e、误差变化 ec 的实际范围称为这些变量的基本论域。显然基本论域内的量为精确量。

设误差 e 的基本论域为 $[-x_e, x_e]$,误差变化 ec 的基本论域为 $[-x_{ec}, x_{ec}]$。

被控制对象实际所要求的控制量 u 的变化范围,称为模糊控制器输出变量(控制量)的基本论域,设其为 $[-y_u, y_u]$。控制量的基本论域内的量也是精确量。

设误差 e 变量所取得模糊子集的论域为:

$$\{-n\quad -n+1\quad \cdots\quad 0\quad \cdots\quad n-1\quad n\}$$

误差变化 ec 变量所取的模糊子集的论域为:

$$\{-m\quad -m+1\quad \cdots\quad 0\quad \cdots\quad m-1\quad m\}$$

控制量 u 所取的模糊子集的论域为:

$$\{-l\quad -l+1\quad \cdots\quad 0\quad \cdots\quad l-1\quad l\}$$

其中 n, m, l 分别是在误差 e、误差变化 ec 和控制量 u 变化范围内连续变化的离散化后分成的挡数,一般常取 6 或 7。

值得指出的是,从道理上讲,增加论域中的元素个数,即把等级细分,可提高控制精度,但这受到计算机字长的限制,另外也要增大计算量。因此,把等级分得过细,对于模糊控制显得必要性不大。

关于基本论域的选择,由于事先对被控对象缺乏先验知识,所以误差及误差变化的基本论域只能初步地选择,待系统调整时再进一步确定。控制量的进步论域根据被控对象提供的数据选定。

4.2.3　量化因子、比例因子

为了进行模糊化处理,必须将输入变量从基本论域转换到相应的模糊集论域,这中间须将输入变量乘以相应的因子。

量化因子一般用 K 表示,误差 e 的量化因子 K_e 和误差变化 ec 的量化因子 K_{ec} 分别由下面两个公式来确定,即:

$$K_e = \frac{n}{x_e} \quad K_{ec} = \frac{m}{x_{ec}} \tag{4-1}$$

其中 $[-x_e, x_e]$,$[-x_{ec}, x_{ec}]$ 分别为误差 e 和误差变化 ec 的论域;n, m 分别为误差 e 和误差变化 ec 基本论域的离散等级数。

同理,对于系统的控制量 u,基于量化因子的概念,定义

$$K_u = \frac{u}{l} \tag{4-2}$$

为其比例因子。其中 $[-y_u, y_u]$ 为控制量 u 的基本论域;l 为控制量 u 基本论域的离散等级数。从式(4.2)可见,比例因子 K_u 与量化挡数 l 之积便是实际加到被控过程上去的控制量 u。

一旦选定基本论域 $[-x_e, x_e]$ 的量化等级数 n 之后,量化因子 K_e 的取值大小可使基本论域 $[-x_e, x_e]$ 发生不同程度的缩小与放大,即当 K_e 取大时,基本论域 $[-x_e, x_e]$ 缩小;而当 K_e 取小时,基本论域 $[-x_e, x_e]$ 放大,从而降低了误差控制的灵敏度。量化因子 K_{ec} 也具有同样的特性,而比例因子 K_u 若取值过大,则会造成被控过程阻尼程度的下降,相反,若取值过小,则将导致被控过程的响应特性迟缓。实践证明,对于那些响应过程长的惯性系统,可采用由数组量化因子实现的变量因子,或采用在不同状态下对 K_e、K_{ec} 和 K_u 进行自调整等方法。这样,既可取得满意的控制效果,又不降低模糊控制系统的鲁棒性。

4.2.4　建立模糊数模型[32]

为设计一个优良的模糊控制器,其关键是要有一个便于灵活调整的模糊控制规则。基于解析表达式的模糊数模型就具有这样的优点。

设双输入单输出模糊控制器的方框图如图 4-1 所示。模型结构所涉及的 3 个语言变量是：误差 e、误差变化 ec 和控制量的变化 u。

图 4-1　双输入单输出模糊控制器

模糊数模型的结构可采用下列解析式来表达：

$$U = \langle \alpha E + (1-\alpha)EC \rangle \tag{4-3}$$

为使控制规则的修改更加灵活，满足系统在不同状态下对修正因子的不同要求，可在式(4-3)描述的模糊数模型中引入两个或两个以上的修正因子。

带 4 个修正因子的解析式来表达

$$U = \begin{cases} \langle \alpha_1 E + (1-\alpha_1)EC \rangle & \text{当 } E = 0 \\ \langle \alpha_2 E + (1-\alpha_2)EC \rangle & \text{当 } E = \pm 1 \\ \langle \alpha_3 E + (1-\alpha_3)EC \rangle & \text{当 } E = \pm 2 \\ \langle \alpha_4 E + (1-\alpha_4)EC \rangle & \text{当 } E = \pm 3 \end{cases} \tag{4-4}$$

式中 $\alpha_i(i=1,2,3,4 \in [0,1])$ 为修正因子,若根据经验或实验调试来确定这些修正因子,势必带有一定的盲目性,很难获得一组最佳的参数。因此可采用以下的 ITAE 积分性能指标对多个修正因子寻优。

$$J = \sum_{k=0}^{\infty} t_k \mid x_e(t_k) \mid T = \min \tag{4-5}$$

式中：J——误差函数加权时间后的积分面积的大小,按性能指标函数逐步减小的原则不断地寻优;

T——采样周期;

$t_k = k \cdot T$——第 k 步采样时刻的控制时间。

正态模糊数 E 取自系统误差 e 的模糊量化

$$E = \langle K_e \cdot x_e(t) \rangle \tag{4-6}$$

正态模糊数 EC 取自系统误差 ec 的模糊量化

$$EC = \langle K_{ec} \cdot x_{ec}(t) \rangle \tag{4-7}$$

其中〈·〉表示四舍五入取整运算。考虑模糊数运算规则以及模糊数二元四则运算封闭性,可知式(4-4)的 U 仍是一个正态模糊数。

通过调整修正因子 α 就可得到不同特性的模糊数模型。在将模糊控制方法应用于海洋平台的振动控制过程中,为了克服量化误差带来的系统不稳定性,本文所讨论的论域选取为 $[-3,3]$,E,EC,U 都取 7 个语言变量值,且赋以下正态模糊数: $\{NB, NM, NS, ZE, PS, PM, PB\} = \{-3, -2, -1, 0, 1, 2, 3\}$,确定修正因子后,将式(4-6)与式(4-7)代入式(4-4),根据模糊数的运算规则,就可计算出控制语言的模糊子集 U,并乘以比例因子 K_u,就可得到确定的输出控制量,然后去控制被控对象。

由于式(4-6)和式(4-7)的模糊量化取整运算,只有当 E 和 EC 分别恰好是模糊数时才能准确地反映模糊控制规则。而在其他情况下只能近似地反映模糊控制规则,因此很不准确。由于量化误差的存在,不仅使模糊控制器的输出不能准确地反映控制规则,而且会造成调节死区,在稳态阶段,使系统产生稳态误差,甚至会产生稳态颤震现象。为了克服稳态性能差的缺点又不增加模糊控制器的复杂程度,可以采用泰勒二元函数在线插值模糊控制系统。

采用插值运算后,相当于 E 和 EC 在其论域内的分挡数趋于无穷大。这样不仅能够满足所制定的控制规则,而且还在控制规则表内的相邻分挡之间以线性插值方式补充了无穷多个新的、经过细分的控制规则,更加充实完善了原来的控制规则,并从根本上消除了量化误差和调节死区,克服了由于量化误差而引起的稳态误差和稳态颤震现象,显著地改善了系统的性能,尤其是稳态性能。

4.3　神经网络控制方法

4.3.1　神经网络的特性

神经网络控制的基本思想是从仿生学的角度,模拟人脑神经系统的运作方式,使机器具有人脑那样的感知、学习和推理能力。神经网络模型用于模拟人脑神经元活动的过程,其中包括对信息的加工、处理、存储和搜索等过程,神经网络的下列特性对控制是至关重要的:

1) 分布式存贮信息和并行处理

它存贮信息的方式与传统的计算机的思维方式是不同的,一个信息不是存放在一个地方,而是分布在不同的位置。网络的某一部分也不只存贮一个信息,它的信息是分布式存贮的。神经网络是用大量神经元之间的联络及对各联结权值的分布来表示特定的信息,因此,这种分布式存贮方式即使当局部网络受损时,仍具有能够恢复原来信息的优点。

每个神经元都可根据接收到的信息作独立的运算和处理,然后将结果传输出去,这体现了一种并行处理。

由于神经网络具有高度的并行结构和并行实现能力,因而能够有较好的容错能力和较快的总体处理能力,这特别适用于实时控制和动态控制。

2) 非线性映射

神经网络具有高度的非线性特性,这源于其近似任意非线性映射(变换)能力,这一特性给非线性控制问题带来新的希望。

3) 自组织、自学习性

神经网络中各种神经元之间的联结强度用权值大小来表示,这种权值可以实现定出,也可以为适应周围环境而不断变化,这种过程称为神经元的学习过程。

4) 适应与集成

神经网络能够适应在线运行,并能同时进行定性和定量操作,神经网络的强适应和信息融合能力使得网络过程可以同时输入大量不同的控制信号,解决输入信息间的互补和坑余问题,并实现信息集成和融合处理。这些特性特别适合于复杂、大规模和多变量系统的控制。

神经网络理论是人工智能的一个前沿研究领域,已成功地应用于许多方面。它是模拟人脑活动的一种信息处理方法。神经网络是由大量神经元互相连接而成的复杂网络系统,它是高度非线性动力学系统,虽然单个神经元的结构和功能极其简单和有限,但网络的动态行为是极为复杂的,从而可以模拟实际物理现象。

4.3.2 神经网络的逼近能力

神经网络在控制领域中取得成功的应用,主要归功于网络可实现复杂的输入-输出非线性映射关系。利用非线性系统的输入输出数据训练神经网络的过程,可以看成是一种非线性函数近似逼近问题。首先,最佳逼近问题首先需要确定的是逼近存在的问题,即函数 $f(\cdot)$ 满足什么条件,才能存在 $f^*(\cdot)$ 以任意精度逼近 $f(\cdot)$。由 Weierstrass 定理可知,对于连续函数空间上的任一函数 $f(\cdot)$,在多项式线性子空间中必存在多项式 p^*,使 p^* 可以任意精度逼近 $f(\cdot)$。Weierstrass 定理说明了多项式最佳逼近的存在性。由 Stone-Weierstrass 定理可知,对列紧密上几乎处处有界的非线性间断可测实值函数 $f(\cdot)$,总可以找到一连续函数序列,使之几乎处处收敛于 $f(\cdot)$。Kolmogorov 定理指出,任何具有 N 个变量的连续函数,均可由单变量的非线性、连续、递增函数来描述。在神经网络应用上,该定理可解释为要逼近具有 N 个变量的连续函数,要求第 1 隐含层具有 $2N(N+1)$ 个神经元,第 2 隐含层具有 $(2N+1)$ 个神经元。Kurkova 又进一步指出,当试图逼近某一个函数时,Kolmogorov 定理具有实用价值。上述研究成果说明了神经网络最佳逼近的存在性。

神经网络非线性逼近能力的另一个问题是逼近模型的确定。许多研究结果表明,多层感知器型前馈神经网络能够很好地逼近一任意连续函数。Cybenko、Funahashi、Hornik 等分别用不同的方法证明了一个共同的结论,即仅含一个隐含层的前馈网络能以任意精度逼近定义在 Rn 中的一个紧集上的任意非线性函数。

4.3.3　BP 神经网络

1) BP 神经网络的结构模型

一个三层的 BP 神经网络已经能够达到非常好的逼近效果。图 4-2 为一个典型的三层 BP 神经网络,由输入层、隐含层和输出层组成,三层的神经元数目分别为 l、m 和 n,以编号 $i(i=1,2,\cdots,l)$,$j(j=1,2,\cdots,m)$,$k(k=1,2,\cdots,n)$表示;神经元的输入为 I,输出为 O,$f^{(1)}(\cdot)$,$f^{(2)}(\cdot)$,$f^{(3)}(\cdot)$ 分别为输入层、隐含层和输出层的激发函数,上角标(1),(2),(3)分别表示相应的层数。

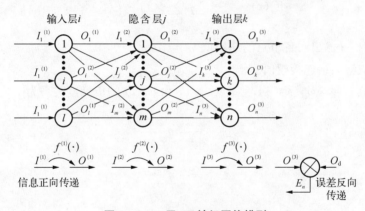

图 4-2　三层 BP 神经网络模型

设输入层与隐含层神经元间的连接权值为 ω_{ij},隐含层与输出层间的连接权值为 ν_{jk},隐含层的输出阈值为 θ_j,输出层的输出阈值为 γ_k,假设共有 P 个样本,对于第 $p(p=1,2,\cdots,P)$ 个样本,则图 4-2 所示三层神经网络的输入输出关系分别为

输入层:输入为 $\qquad I_{ip}^{(1)} \qquad i=1,2,\cdots,l$ $\qquad\qquad$ (4-8)

$\qquad$ 输出为 $\qquad O_{ip}^{(1)} = f^{(1)}(I_{ip}^{(1)})$ $\qquad\qquad$ (4-9)

隐含层:输入为 $\qquad I_{jp}^{(2)}O_{2j} = \sum_{i=1}^{l}(\omega_{ij}O_{ip}^{(1)} - \theta_j)$ $\qquad\qquad$ (4-10)

$\qquad$ 输出为 $\qquad O_{jp}^{(2)} = f^{(2)}(I_{ip}^{(2)}) \qquad j=1,2,\cdots,m$ $\qquad\qquad$ (4-11)

输出层:输入为 $\qquad I_{kp}^{(3)} = \sum_{j=1}^{m}(\nu_{jk}O_{jp}^{(2)} - \gamma_k)$ $\qquad\qquad$ (4-12)

$\qquad$ 输出为 $\qquad O_{kp}^{(3)} = f^{(3)}(I_{kp}^{(3)}) \qquad k=1,2,\cdots,n$ $\qquad\qquad$ (4-13)

2) BP 神经网络的学习算法

（1）BP 网络算法的基本思想。

BP 算法包含正向传播和反向传播两个过程。在正向传播过程中,样本从输入层经过隐含层单元层层处理,各层神经元的输出仅对下一层神经元的状态产生影响,直至输出层。若网络输出与其期望输出 O_d 之间存在偏差,则进入反向传播过程。反向传播时,误差信号由原正向传播途径反向回传,并按误差函数的负梯度方向,对各层神经元的权系数进行修正,最终使期望的误差函数趋向最小。因此,BP 算法是一种以梯度法为基础的搜索算法。在算法的实现上,充分体现出了神经网络并行处理的特点。

定义误差函数 E_n,取网络的期望输出 O_d 与实际输出之差的平方和为误差函数,即

$$E_n(\tau) = \frac{1}{2P} \sum_{p=1}^{P} \sum_{k=1}^{n} (O_{dk} - O_{kp}^{(3)})^2 \qquad (4-14)$$

式中: O_{dk} ——输出层各节点的期望值 $(k = 1, 2, \cdots, n)$。

（2）调整网络连接权值。

权值修正量 $\Delta\omega_{ij}(t+1)$, $\Delta\omega_{jk}(t+1)$ 和 $E_n(t)$ 的负梯度关系为

$$\Delta\omega_{ij} = -\eta \frac{\partial E_n}{\partial \omega_{ij}} \qquad (4-15)$$

$$\Delta\nu_{jk} = -\eta \frac{\partial E_n}{\partial \nu_{kj}} \qquad (4-16)$$

式中: η ——学习率。

计算 $\Delta\omega_{jk}(\tau+1)$

$$\frac{\partial E_n}{\partial \nu_{jk}} = \frac{\partial E_n}{\partial I_{kp}^{(3)}} \cdot \frac{\partial I_{kp}^{(3)}}{\partial \nu_{jk}} = \frac{\partial E_n}{\partial O_{kp}^{(3)}} \cdot \frac{\partial O_{kp}^{(3)}}{\partial I_{kp}^{(3)}} \cdot \frac{\partial I_{kp}^{(3)}}{\partial \nu_{jk}} \qquad (4-17)$$

由式(4-12),(4-13)和(4-14)得

$$\frac{\partial I_{kp}^{(3)}}{\partial \nu_{jk}} = O_{jp}^{(2)} \qquad (4-18)$$

$$\frac{\partial O_{kp}^{(3)}}{\partial I_{kp}^{(3)}} = f^{(3)\prime}(I_{kp}^{(3)}) \qquad (4-19)$$

$$\frac{\partial E_n}{\partial O_{kp}^{(3)}} = -\frac{1}{P} \sum_{p=1}^{P} (O_{dk} - O_{kp}^{(3)}) \qquad (4-20)$$

于是,有

$$\frac{\partial E_n}{\partial \nu_{jk}} = -\frac{1}{P} \sum_{p=1}^{P} (O_{dk} - O_{kp}^{(3)}) \cdot f^{(3)'}(I_{kp}^{(3)}) \cdot O_{jp}^{(2)} \qquad (4-21)$$

将式(4-21)代入式(4-16),得

$$\Delta \nu_{jk}(\tau+1) = \frac{\eta}{P} \sum_{p=1}^{P} (O_{dk} - O_{kp}^{(3)}) \cdot f^{(3)'}(I_{kp}^{(3)}) \cdot O_{jp}^{(2)} \qquad (4-22)$$

计算 $\Delta \omega_{ij}(\tau+1)$

$$\begin{aligned}
\frac{\partial E_n}{\partial \omega_{ij}} &= \frac{\partial E_n}{\partial I_{jp}^{(2)}} \cdot \frac{\partial I_{jp}^{(2)}}{\partial \omega_{ij}} = \frac{\partial E_n}{\partial O_{jp}^{(2)}} \cdot \frac{\partial O_{jp}^{(2)}}{\partial I_{jp}^{(2)}} \cdot \frac{\partial I_{jp}^{(2)}}{\partial \omega_{ij}} \\
&= \sum_{k=1}^{n} \left(\frac{\partial E_n}{\partial I_{kp}^{(3)}} \cdot \frac{\partial I_{kp}^{(3)}}{\partial O_{jp}^{(2)}} \right) \cdot \frac{\partial O_{jp}^{(2)}}{\partial I_{jp}^{(2)}} \cdot \frac{\partial I_{jp}^{(2)}}{\partial \omega_{ij}} \\
&= \sum_{k=1}^{n} \left(\frac{\partial E_n}{\partial O_{kp}^{(3)}} \cdot \frac{\partial O_{kp}^{(3)}}{\partial I_{kp}^{(3)}} \cdot \frac{\partial I_{kp}^{(3)}}{\partial O_{jp}^{(2)}} \right) \cdot \frac{\partial O_{jp}^{(2)}}{\partial I_{jp}^{(2)}} \cdot \frac{\partial I_{jp}^{(2)}}{\partial \omega_{ij}} \qquad (4-23)
\end{aligned}$$

由式(4-12)得

$$\frac{\partial I_{kp}^{(3)}}{\partial O_{jp}^{(2)}} = \nu_{jk} \qquad (4-24)$$

由式(4-11)得

$$\frac{\partial O_{jp}^{(2)}}{\partial I_{jp}^{(2)}} = f^{(2)'}(I_{jp}^{(2)}) \qquad (4-25)$$

由式(4-10)得

$$\frac{\partial I_{jp}^{(2)}}{\partial \omega_{ij}} = O_{ip}^{(1)} \qquad (4-26)$$

将式(4-19)、式(4-20)和式(4-24)~(4-26)代入式(4-23)得

$$\frac{\partial E_n}{\partial \omega_{ij}} = -\frac{1}{P} \sum_{p=1}^{P} \sum_{k=1}^{n} (O_{dk} - O_{kp}^{(3)}) \cdot f^{(3)'}(I_{kp}^{(3)}) \cdot \nu_{jk} \cdot f^{(2)'}(I_{jp}^{(2)}) \cdot O_{ip}^{(1)}$$

$$(4-27)$$

将式(4-27)代入式(4-15)得

$$\Delta \omega_{ij}(\tau+1) = \frac{\eta}{P} \sum_{p=1}^{P} \sum_{k=1}^{n} (O_{dk} - O_{kp}^{(3)}) \cdot f^{(3)'}(I_{kp}^{(3)}) \cdot \nu_{jk} \cdot f^{(2)'}(I_{jp}^{(2)}) \cdot O_{ip}^{(1)}$$

$$(4-28)$$

令

$$\delta_p^{(3)} = (O_{dk} - O_{kp}^{(3)}) \cdot f^{(3)'}(I_{kp}^{(3)}) \tag{4-29}$$

$$\delta_p^{(2)} = \sum_{k=1}^{n} \delta_p^{(3)} \cdot \nu_{jk} \cdot f^{(2)'}(I_{jp}^{(2)}) \tag{4-30}$$

于是,式(4-22)和式(4-28)可写为

$$\Delta \nu_{jk}(\tau+1) = \frac{\eta}{P} \sum_{p=1}^{P} \delta_p^{(3)} \cdot O_{jp}^{(2)} \tag{4-31}$$

$$\Delta \omega_{ij}(\tau+1) = \frac{\eta}{P} \sum_{p=1}^{P} \delta_p^{(2)} \cdot O_{jp}^{(1)} \tag{4-32}$$

最后,可得到 $(\tau+1)$ 时刻的权值,即

$$\nu_{jk}(\tau+1) = \nu_{jk}(\tau) + \Delta \nu_{jk}(\tau+1) \tag{4-33}$$

$$\omega_{ij}(\tau+1) = \omega_{ij}(\tau) + \Delta \omega_{ij}(\tau+1) \tag{4-34}$$

调整网络神经元阈值

$$\Delta \theta_j \propto -\eta \frac{\partial E_n}{\partial \theta_j} \tag{4-35}$$

$$\Delta \gamma_k \propto -\eta \frac{\partial E_n}{\partial \gamma_j} \tag{4-36}$$

计算 $\Delta \gamma_k(\tau+1)$

$$\frac{\partial E_n}{\partial \gamma_k} = \frac{\partial E_n}{\partial I_{kp}^{(3)}} \cdot \frac{\partial I_{kp}^{(3)}}{\partial \gamma_k} = \frac{\partial E_n}{\partial O_{kp}^{(3)}} \cdot \frac{\partial O_{kp}^{(3)}}{\partial I_{kp}^{(3)}} \cdot \frac{\partial I_{kp}^{(3)}}{\partial \gamma_k} \tag{4-37}$$

由式(4-12)得

$$\frac{\partial I_{kp}^{(3)}}{\partial \gamma_k} = -1 \tag{4-38}$$

将式(4-19)、式(4-20)和式(4-38)代入式(4-37)得

$$\frac{\partial E_n}{\partial \gamma_k} = \frac{1}{P} \sum_{p=1}^{P} (O_{dk} - O_{kp}^{(3)}) \cdot f^{(3)'}(I_{kp}^{(3)}) = \frac{1}{P} \sum_{p=1}^{P} \delta_p^{(3)} \tag{4-39}$$

于是有

$$\Delta \gamma_k(\tau+1) = -\frac{\eta}{P} \sum_{p=1}^{P} \delta_p^{(3)} \tag{4-40}$$

计算 $\Delta \theta_j(\tau+1)$

$$\frac{\partial E_n}{\partial \theta_j} = \frac{\partial E_n}{\partial I_{jp}^{(2)}} \cdot \frac{\partial I_{jp}^{(2)}}{\partial \theta_j} = \frac{\partial E_n}{\partial O_{jp}^{(2)}} \cdot \frac{\partial O_{jp}^{(2)}}{\partial I_{jp}^{(2)}} \cdot \frac{\partial I_{jp}^{(2)}}{\partial \theta_j}$$

$$= \sum_{k=1}^{n} \left(\frac{\partial E_n}{\partial O_{kp}^{(3)}} \cdot \frac{\partial O_{kp}^{(3)}}{\partial I_{kp}^{(3)}} \cdot \frac{\partial I_{kp}^{(3)}}{\partial O_{jp}^{(2)}} \right) \cdot \frac{\partial O_{jp}^{(2)}}{\partial I_{jp}^{(2)}} \cdot \frac{\partial I_{jp}^{(2)}}{\partial \theta_j} \tag{4-41}$$

由式(4-10)得

$$\frac{\partial I_{jp}^{(2)}}{\partial \theta_j} = -1 \tag{4-42}$$

将式(4-19)、式(4-20)、式(4-24)、式(4-25)和式(4-42)代入式(4-41),得

$$\frac{\partial E_n}{\partial \theta_j} = \frac{1}{P} \sum_{p=1}^{P} \sum_{k=1}^{n} \left[\delta_p^{(3)} \cdot \nu_{jk} \right] \cdot f^{(2)'}(I_{jp}^{(2)}) = \frac{1}{P} \sum_{p=1}^{P} \delta_p^{(2)} \tag{4-43}$$

于是,有

$$\Delta \theta_j(\tau+1) = -\frac{\eta}{P} \sum_{p=1}^{P} \delta_p^{(2)} \tag{4-44}$$

最后,可得到$(\tau+1)$时刻的阈值,即

$$\gamma_{jk}(\tau+1) = \gamma_{jk}(\tau) + \Delta\gamma_{jk}(\tau+1) \tag{4-45}$$

$$\theta_{ij}(\tau+1) = \theta_{ij}(\tau) + \Delta\theta_{ij}(\tau+1) \tag{4-46}$$

这样,由式(4-33)、式(4-34)、式(4-45)、式(4-46)就可对 BP 神经网络的权值和阈值进行调整,实现对 BP 神经网络的训练。

以下为 BP 神经网络的具体学习步骤,流程图如图 4-3 所示。

(1) 初始化。给每个连接权值 ω_{ij},ν_{jk} 和阈值 θ_j,γ_k 赋予区间$(-1, 1)$内的随机值。

(2) 随机选取一组输入和输出样本 $P = (a_1, a_2, \cdots, a_l)$,$T = (s_1, s_2, \cdots, s_k)$ 提供给网络。

(3) 用输入模式连接权和阈值计算中间层各单元的输入,然后用通过传递函数计算中间层各单元的输出。

(4) 用中间层的输出、连接权和阈值计算输出层各单元的输入,然后通过传递函数计算输出层各单元的响应。

(5) 用输出样本和网络的实际输出,计算输出层各单元的一般化误差。

(6) 用连接权、输出层的一般化误差、中间层输出计算中间层的一般化误差。

(7) 用输出层各单元的一般化误差、中间层各单元的输出修正连接权和阈值。

(8) 用中间层各单元的一般化误差、输入层各单元的输入修正连接权和阈值。

(9) 随机选取下一个学习样本向量提供给网络,返回步骤(3),直到全部每一

个训练样本全部训练完毕。

(10) 重新从 m 个学习样本中随机选取一组输入和目标样本，返回步骤(3)，直到网络全局误差 E 小于预先设定的一个极小值，即网络收敛。如果学习次数大于预先设定的值，网络就无法收敛。

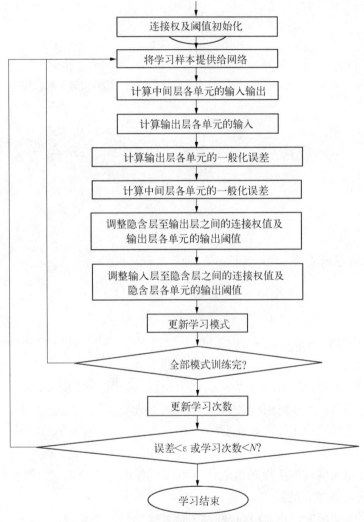

图 4-3　BP 神经网络学习学习过程流程

参 考 文 献

[1]　丁炜,王强.智能材料与结构在振动控制中的应用[J].噪声与振动控制,

2000,2(3)：28-19.

［2］ 薛伟辰,郑乔文,刘振勇,等.结构振动控制智能材料研究及应用进展［J］.地震工程与工程振动,2006(5)：214-219.

［3］ 殷青英,翁光远.智能材料在结构振动控制中的应用研究［J］.科技导报,2009,27(12)：93-98.

［4］ 王征,陶宝祺.智能材料结构的振动控制［J］.振动、测试与诊断,1995,15(1)：47-50.

［5］ S. G. Shu, D. C. Lagoudas, D. Hughes, et al. Modeling of a flexible beamactuated by shape memory alloy wires［J］. Smart Mater Structure, 1997,6(3)：265-277.

［6］ D. C. Lagoudas, A. Bhattacharyya. Modeling of thin layer extensional thermoelectric SMA actuators［J］. International Journal of Solids and Structures, 1998,35(3-4)：331-362.

［7］ 王社良,苏三庆.形状记忆合金的超弹性恢复力模型及其结构抗震控制［J］.工业建筑,1999,29(3)：49-52.

［8］ G. C. Maria, I. Maurizio, M. Alessandro. Progress of application,research development and design guidelines for shape memory alloy devices for cultural heritage structures in Italy［C］. Proc. Of SPIE, 2001(4330)：250-261.

［9］ 崔迪,李宏男.形状记忆合金在土木工程中的研究与应用进展［J］.防灾减灾工程学报,2005,25(1)：86-94.

［10］ M. Higashino, A. Aizawa, P. W. Clark, et al. Experimental and analytical studies of structural control system using shape memory alloy［C］. Proceedings of the 2nd International Workshop on Structural Control. HongKong, 1996：221-229.

［11］ D. Maurot, C. Donatello, M. Roberto. Implementation and testing of passive control devices based on shape memory alloy［J］. Earthquake Engineering and Structural Dynamics, 2000,29(2)：945-968.

［12］ K. Robert, H. Jack, S. Steve. Structure damping with shape memory alloys：a class of devices［C］. Proc. Of SPIE, 1995(2445)：225-249.

［13］ R. DesRoches. Shape memory alloy-based response modification of simply supported bridge［J］. Advances in structural dynamics, 2000(1)：267-274.

［14］ 姜德生,Richard, Claus. 智能材料器件结构与应用［M］.武汉：武汉工业大学出版社,2000.

［15］ 瞿伟廉,李卓球,姜德生,等.智能材料——结构系统在土木工程中的应用[J].地震工程与工程振动,1999,19(3)：87-95.

［16］ 唐永杰,胡选利,张升陆.采用压电机敏元件进行结构振动控制Ⅲ：控制系统设计与实验研究[J].应用力学学报,1997,14(1)：24-28.

［17］ 瞿伟廉,陈朝晖,徐幼麟.压电材料智能摩擦阻尼器对高耸钢塔结构风振反应的半主动控制[J].地震工程与工程振动,2000,20(1)：94-99.

［18］ M. W. Hiller, M. D. Bryant. Attenuation and transformation of vibration through active control of magneto strictive Terfenol[J]. Journal of Sound and Vibration, 1989,134(3)：507-519.

［19］ Jason Z Geng, Leonard S Haynes. Six degree-of-freedom active vibration control using the stewart platforms [J]. IEEE Transactions on Control systems Technology,1994, 2(1)：45-53.

［20］ 李扩社,徐静,杨红川,等.稀土超磁致伸缩材料发展概况[J].稀土,2004, 25(4)：51-56.

［21］ S. J. Dyke, J. B. Spencer, M. K. Sain, et al. A new semi-active control device for seismic response reduction [C]. Pro. ASCE Engrg. Mach Spec. Conf. New York：N. Y. , 1996.

［22］ F. Gordaninejad, M. Saiidi, B. C. Hansen, et al. Control of bridge using magneto-Rheological fluid dampers and fiber-reinforced, composite-material column [C]. Proceedings of the 1998 SPIE Conference,1998.

［23］ F. Spencer, S. J. Dyke, M. K. Sain, et al. Phenomeno logical model of amagneto-rheological dampers [J]. ASCE, Journal of Engineering mechanics, 1997(123)：230-238.

［24］ 孙树民,梁启智.隔震独桩平台地震反应的半主动磁流变阻尼器控制研究[J].振动与冲击,2001,20(3)：61-64.

［25］ Lixiu Ling, Lihong Nan. Experimental study on semi-active control of frame-shear wall eccentric structure using MR Dampers [C]. Proceedings of SPIE, 2006(6166)：1-8.

［26］ L. A. Zadeh. Fuzzy sets [J]. Information and Control, 1965,8(3)： 338-353.

［27］ W. S. Mcculloch, W. Pitts. A logical calculus of the ideal important in nerous activity [J]. Bulletin of mathematical biophysics, 1943(5)： 115-133.

［28］ D. Hebb. Organization of behavior [M]. New York：John Wiley & sons, 1949.

[29]　B. Widow，M. A. Lehr. Thirty years of adaptive neural networks：perception，madaline and back propagation [C]. Proc. IEEE. 1990,78(9)：1415 - 1441.

[30]　欧进萍. 结构振动控制—主动、半主动和智能控制(第一版)[M]. 北京：科学出版社,2003：71 - 75.

[31]　章卫国,杨向忠. 模糊控制理论与应用[M]. 西安：西北工业大学出版社,2001.

[32]　邹经湘. 结构动力学[M]. 哈尔滨：哈尔滨工业大学出版社,1996.

第5章 海洋平台智能控制系统设计方法

5.1 海洋平台智能控制系统设计流程及工作原理

海洋平台结构智能控制系统的设计主要包括三部分的设计,智能控制装置的设计,驱动智能控制装置输出控制力大小以及方向的智能控制方法设计以及动力响应信号测试方案设计。本章主要针对海洋平台结构的智能控制方法设计、智能控制装置中应用最为广泛的磁流变阻尼器智能控制装置的优化设计以及测试系统的设计方案进行研究和探讨。

对于长期固定于某一海域进行工作的海洋平台而言,其智能控制系统的设计要综合考虑平台的动力测试、智能控制策略及计算机实现、智能控制装置选择、设计、布置及安装等一系列问题,因此在进行控制系统设计时要综合考虑上述因素,海洋平台智能控制设计的流程如图 5-1 所示。

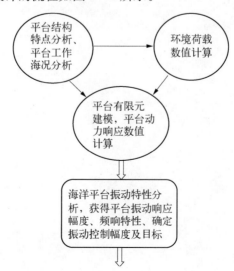

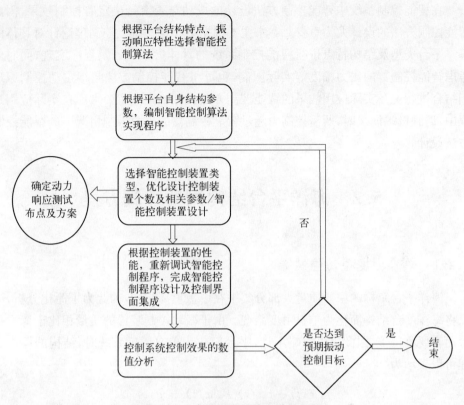

图 5 - 1　海洋平台智能设计流程图

对于智能控制系统而言,其核心部分是控制系统,其工作原理如图 5 - 2 所示。

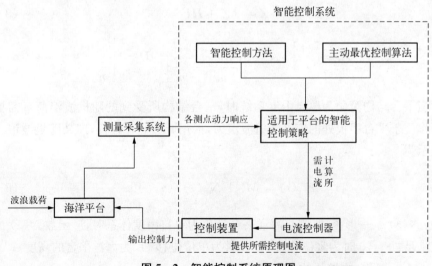

图 5 - 2　智能控制系统原理图

　　在智能控制系统中智能控制方法设计的成功与否直接决定着控制效果,因此智能控制方法的设计尤为重要。本书主要根据第4章的智能控制理论针对具体的海洋平台类型及结构特点进行智能控制系统的具体参数设计及程序实现,同时若考虑智能控制器的出力幅度等实际限制,也可将智能控制方法与半主动控制原理相结合进行更具实际应用效果的智能控制方法设计。本书主要考虑在实际应用过程中,遇到极端海况时,所需控制力超过智能控制器的出力限制情况下的智能控制方法设计。

5.2　海洋平台结构振动控制方程

5.2.1　单自由度振动控制

　　海洋平台结构的主要质量大部分集中在甲板上部结构,因此为了简化分析,可以将海洋平台结构简化为单自由度系统。由于振动控制装置的质量相比于海洋平台而言要小得多,因此可以忽略不计,平台简化为单自由度系统时,结构的振动方程可以表示为

$$m\ddot{x}(t) + c\dot{x}(t) + kx(t) = F(t) \tag{5-1}$$

式中：m, c, k ——分别为系统第一模态的质量、阻尼、刚度;

　　　　$F(t)$ ——广义随机波浪力。

　　若将平台简化为单自由度体系,状态空间方程由式(5-1)简化为

$$\dot{Z} = AZ + HF^* \tag{5-2}$$

$$Z = \begin{bmatrix} x_1 \\ \dot{x}_1 \end{bmatrix} \quad A = \begin{bmatrix} 0 & 1 \\ -\dfrac{k}{m} & -\dfrac{c}{m} \end{bmatrix} \quad H = \begin{bmatrix} 0 \\ \dfrac{1}{m} \end{bmatrix}$$

　　当平台结构简化为单自由度系统时,平台结构所受到的随机波浪荷载需要转化为作用于平台甲板处的广义随机波浪力,根据morison方程,广义随机波浪力可以表示为

$$F^*(t) = M^* \int_0^l N^T(z) f(z, t) \mathrm{d}z \tag{5-3}$$

式中：$N(z)$ ——形函数,当将海洋平台简化为单自由度体系时,形函数 $N(z)$ 的选取应满足：$z=0$ 时为零位移, $z=L$ 时为单位位移(L 为海洋平台的高度);

　　　　M ——平台主桩腿的个数;

　　$f(z, t)$——单位水深处桩腿所受到的波浪力。

　　根据导管架平台结构变形特点,本书假设形函数为一条光滑的余弦曲线,可表示为

$$N(z) = 1 - \cos\left(\frac{\pi z}{2L}\right) \tag{5-4}$$

　　$f(z, t)$ 由 Morison 方程可得

$$f(z, t) = C_M A_I \frac{\partial u}{\partial t} + C_D A_D \sqrt{\frac{8}{\pi}} \sigma_u u \tag{5-5}$$

　　上式中水质点速度和加速度可根据实际海况由 2.1 节给出的线性波理论或 2.2 节给出的非线性波理论计算。

5.2.2　多自由度振动控制

　　将海洋平台简化为单自由度研究,方便计算而且相对简单,但是无法考虑控制系统的安装位置、控制装置的个数等对控制效果的影响,同时由于简化为单自由度系统,对于控制系统而言,计算控制力时由于仅能考虑平台甲板处响应与平台底部固定的相对速度差,因此计算出的控制力偏差较大,使得模拟出的控制幅度偏大,因此存在一定误差,而采用多自由度系统描述导管架平台的振动特性时可以更为准确地预报平台振动响应以及考虑振动控制装置的安装位置及个数的影响。

　　对于多自由度的海洋平台结构,在控制力作用下,结构的振动方程可以表示为

$$M\ddot{X}(t) + C\dot{X}(t) + KX(t) = D_s F(t) + B_s U(t) \tag{5-6}$$

式中: $X, \dot{X}, \ddot{X}$——分别是结构的位移、速度和加速度向量;

　　　$F(t)$——波浪力;

　　　D_s——波浪力的位置矩阵;

　　　$U(t)$——控制力;

　　　B_s——控制力的位置矩阵;

　　　M, C, K——分别是结构质量、阻尼和刚度矩阵。

　　在状态空间中,由式(5-6)描述的平台受控结构系统可以用如下状态方程描述

$$\dot{Z}(t) = AZ(t) + BU(t) + DF(t)$$
$$Z(t_0) = Z_0 \tag{5-7}$$

式中

$$\boldsymbol{Z}(t) = \begin{bmatrix} \boldsymbol{X}(t) \\ \dot{\boldsymbol{X}}(t) \end{bmatrix} \quad \boldsymbol{A} = \begin{bmatrix} 0 & \boldsymbol{I} \\ -\boldsymbol{M}^{-1}\boldsymbol{K} & -\boldsymbol{M}^{1}\boldsymbol{C} \end{bmatrix}$$

$$\boldsymbol{B} = \begin{bmatrix} 0 \\ \boldsymbol{M}^{-1}\boldsymbol{B}_{\mathrm{s}} \end{bmatrix} \quad \boldsymbol{D} = \begin{bmatrix} 0 \\ \boldsymbol{M}^{-1}\boldsymbol{D}_{\mathrm{s}} \end{bmatrix}$$

在将平台视为多自由度时,通常可将波浪力转化为作用在桩腿上的节点力施加。根据式(5-3)作用在每个桩柱节点力可表示为

$$\boldsymbol{F}_i^* (t) = \int_0^{l_i} N_i(z) f(z, t) \mathrm{d}z \qquad (5-8)$$

式中:l_i——第 i 个节点距离海底的垂直距离。

5.3 基于智能控制方法最优控制力的计算方法

振动系统的控制算法是指输入的控制力 $\boldsymbol{U}(t)$ 与系统状态 $\boldsymbol{Z}(t)$ 之间的关系,它是现代控制理论的重要部分,是设计主动控制力的基本理论。不同的控制理论计算由不同的方法来计算最优控制力。

5.3.1 模糊控制法

在采用本书所研究模糊控制方法来计算控制力时根据 4.2 节相关理论的计算原理进行计算。

1) 参量的选取

对于海洋平台,结构的安全是最关心的问题,因此模糊控制器的输入变量选取为平台的位移响应误差 $e(i) = r - y(i)$ 和误差变化 $ec(i) = e(i-1) - e(i)$,y 为位移响应,r 为参考输入,在结构振动控制中 $r = 0$,而输出变量选取为模糊控制器输的最优控制力[9]。

2) 参量的模糊化

本书所讨论的论域为[-6,6],对论域进行模糊分割,将模糊模型的 3 个语言变量:误差 E、误差变化 EC、控制力 U 分为 7 个模糊子集,即 NB, NM, NS, ZE, PS, PM, PB,并赋予以下正态模糊数:{NB, NM, NS, ZE, PS, PM, PB} = {-3, -2, -1, 0, 1, 2, 3},通过量化因子 K_e,K_{ec},K_u 将 e,ec,u 的论域映射到[-6,6]区间内。

$$E = e \cdot K_e \qquad EC = ec \cdot K_{ec} \qquad U = u \cdot K_u \qquad (5-9)$$

3) 模糊模型的建立

基于模糊控制规则的模糊模型由于定义隶属函数的工作超出了操作人员的经验范围,且模糊控制规则的编写主要是根据操作人员的经验和直觉推理,难以满足控制精度的要求,此外加上推理过程复杂,不便于调整控制规则。因此设计一个优良的模糊控制器,其关键是要有建立便于灵活调整的模糊控制规则,本书建立了基于解析表达式的模糊数模型,该模型具有灵活性的优点。模糊数模型的结构可采用下列带 4 个修正因子的解析式来表达

$$U = \begin{cases} \langle \alpha_1 E + (1-\alpha_1)EC \rangle & \text{当 } E = 0 \\ \langle \alpha_2 E + (1-\alpha_2)EC \rangle & \text{当 } E = \pm 1, \pm 2 \\ \langle \alpha_3 E + (1-\alpha_3)EC \rangle & \text{当 } E = \pm 3, \pm 4 \\ \langle \alpha_4 E + (1-\alpha_4)EC \rangle & \text{当 } E = \pm 5, \pm 6 \end{cases} \qquad (5-10)$$

$\alpha_i (i=1, 2, 3, 4)$ 为调整因子,可采用 ITAE 积分性能指标对多个修正因子寻优。$\langle \alpha_1 E + (1-\alpha_1)EC \rangle$ 表示取一个与 $\alpha_1 E + (1-\alpha_1)EC$ 同号且最接近于 $\alpha_1 E + (1-\alpha_1)EC$ 的整数。

由于式(5-10)的模糊量化取整运算,只有当 E 和 EC 分别恰好是 NB, NM, NS, ZE, PS, PM, PB 时才能准确地反映模糊控制规则,为了不增加模糊控制器的复杂程度并从本质上克服模糊控制系统稳态性能差的缺点,本书采用在线插值模糊控制系统。采用插值运算后,相当于 E 和 EC 在其论域内的分档数趋于无穷大,这样不仅能够满足式 4 的控制规则,而且还在控制规则表内的相邻分档之间以线性插值方式补充了无穷多个新的、经过细分的控制规则,更加充实完善了原来的控制规则,可显著改善系统性能。

5.3.2　神经网络控制法

采用神经网络智能控制方法来确定最优控制力时,需要结合一种主动控制算法共同给出控制力的计算方法。LQR 经典最优控制算法是目前结构控制设计分析时最广泛采用的方法,本书拟采用 LQR 最优控制算法计算结构最优控制力。

1) LQR 经典最优控制算法[1]

对于式(5-6)给出的海洋平台振动控制方程,定义系统的二次型性能泛函为

$$J = \frac{1}{2} \int_{t_0}^{\infty} \left[\mathbf{Z}^{\mathrm{T}}(t)\mathbf{Q}\mathbf{Z}(t) + \mathbf{U}^{\mathrm{T}}(t)\mathbf{R}\mathbf{U}(t) \right] \mathrm{d}t \qquad (5-11)$$

式中：Q——半正定矩阵；

R——正定矩阵。

根据 Lagrange 乘子法，在式(5-11)中引入乘子向量 $\lambda(t) \in R^n$，得

$$L = \int_{t_0}^{\infty} \left[\frac{1}{2}(Z^T QZ + U^T RU) + \lambda^T (AZ + BU - \dot{Z}) \right] dt \qquad (5-12)$$

即，将最优控制力问题转化为了无条件极值泛函问题

$$\min L \ (t_0 \leqslant t < \infty) \qquad (5-13)$$

根据式(5-13)计算出的最优控制力 $U(t)$ 最精确、控制效果最好，但是它的计算依赖于十分精确的结构振动模型，在实际控制中，当外界荷载或模型参数发生微量变化时，控制效果会受到严重影响，既该控制算法不具有鲁棒性能。因此在实际应用中需要实时收集大量结构模型信息，而过多的信息采集和处理会产生严重的时滞现象，可行性差，对此，应利用神经网络良好的非线性映射能力，以一充分训练过的神经网络代替上述求解过程，从而减少控制效果对精确结构振动模型以及外界环境输入精确程度的依赖性。

2) BP 神经网络设计[2~4]

对于海洋平台结构的振动控制可以采用三层 BP 神经网络进行训练，该网络需具备以下特点：① 能够很好地继承 LQR 最优控制算法的性质，映射出的最优控制力与用 LQR 最优控制算法计算出的最优控制力应十分接近，甚至完全相等，同时具有很好的鲁棒性。② 适用于随机波浪作用下海洋平台的结构振动控制。

为达到以上要求，BP 神经网络训练方法如下：

(1) 样本数据的选取。

样本数据选自数值模拟的平台位移和加速度的响应信号。

经多次试算，取 1 000 组连续的结构位移和加速度响应时程数据作为神经网络的输入样本，取对应的 1 000 个控制力作为神经网络的输出样本对神经网络进行训练。

(2) BP 神经网络结构。

根据输入、输出样本的结构，设定神经网络的输入层和输出层的神经元个数分别为 2 个和 1 个。隐含层最佳神经元个数可参考以下经验公式

$$n_1 = \sqrt{n+m} + a \qquad (5-14)$$

其中，m 为输出层神经元个数，n 为输入层神经元个数，a 为 $[1, 10]$ 之间的常数。

根据上述经验公式以及多次试算,最终将隐含层的神经元个数取为6 个。

3) 神经网络的训练

将神经网络的最大训练次数取为 2 000 次,误差训练目标取为 0.001,对神经网络进行训练。训练结果显示,经过 37 次训练,误差的目标函数即达到了训练目标,训练效果如图 5-3 所示。

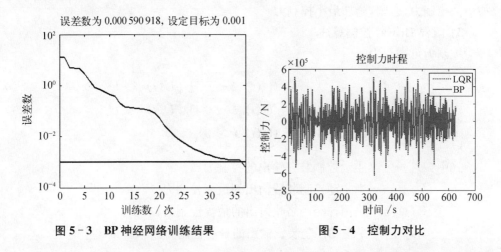

图 5-3　BP 神经网络训练结果　　　　　图 5-4　控制力对比

图 5-4 所示为利用 LQR 最优控制算法计算出的控制力时程与利用训练后的BP 神经网络映射出的控制力时程的对比图。由图 5-4 可知,训练后的神经网络所映射出的最优控制力 $U(t)$ 具有很高的准确性。

5.3.3　当控制器出力受到限制时的控制策略

对于大型结构而言最优控制力往往较大,若直接对结构提供最优控制力进行控制需要很大的能量,并且操作控制器的时间较长,容易产生较长的时滞现象。因此当考虑控制器出力受到限制时,可以将智能控制算法确定的最优控制力与半主动控制方法相结合,从而实现耗能少、出力大、反应快、控制效果明显的优点。半主动控制方法主要有以下几类:

1) 简单 Bang-Bang 控制算法——Semi1

简单的 Bang-Bang 磁流变阻尼控制算法可以表示为

$$u_{\mathrm{d}}(t)=\begin{cases}U_{\mathrm{dmax}}\,\mathrm{sgn}(\dot{x})&(x\dot{x}>0)\\U_{\mathrm{dmin}}\,\mathrm{sgn}(\dot{x})&(x\dot{x}\leqslant0)\end{cases} \tag{5-15}$$

如结构层间背离平衡点振动时,控制器施加最大控制力,否则,施加最小控制力。

2）最优 Bang-Bang 控制算法——Semi2

最优 Bang-Bang 磁流变阻尼控制算法可以表示为

$$u_d(t) = \begin{cases} U_{dmax} \, \mathrm{sgn}(\dot{x}) & (u\dot{x} > 0) \\ U_{dmin} \, \mathrm{sgn}(\dot{x}) & (u\dot{x} \leqslant 0) \end{cases} \quad\quad (5-16)$$

该控制算法表明,当最优控制力与控制器所在位置振动方向相反时,控制器施加最大控制力;否则,施加最小控制力。

3）限界 Hrovat 控制算法

控制力可表示为:

$$U_d = \begin{cases} U_{dmax} & (U(t)\dot{x} < 0 \text{ 且 } |U(t)| > U_{dmax}) \\ |U(t)| \, \mathrm{sgn}(\dot{x}) & (U(t)\dot{x} < 0 \text{ 且 } |U(t)| < U_{dmax}) \\ U_{dmin} & (U(t)\dot{x} \geqslant 0) \end{cases} \quad\quad (5-17)$$

式中: U_d ——半主动控制装置输出的控制力;

      U_{dmax} ——半主动控制装置输出的最大控制力;

      $U(t)$ ——采用神经网络映射出的最优控制力;

      U_{dmin} ——半主动控制装置输出的最小控制力。

5.4　控制装置——磁流变阻尼器的工作原理

磁流变阻尼器是当前研究及应用最为热点的智能控制器,因此本书重点研究磁流变阻尼器作为控制实现装置的最优控制器的设计问题。

5.4.1　磁流变阻尼器及其应用

到目前为止,磁流变阻尼器(MRFD)已在汽车悬挂系统、假肢、卡车座椅、滚筒洗衣机、桥梁斜拉索以及海洋平台等减振方面得到了初步的应用,展现出了良好的应用前景。

1）汽车应用

磁流变液减振器可以像图 5-5 所示那样应用于汽车的悬挂系统减振。研究表明,MRFD 可以大幅度提高汽车的行驶速度及安全舒适度[5,6]。目前这种减振器在美国的凯迪拉克轿车上已经完成了初步性能实验,有望在不远的将来全面投入使用。

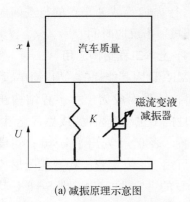

(a) 减振原理示意图　　　　　　　　　　　(b) 安装位置示意图

图 5-5　用于汽车悬挂系统的磁流变液减振器

2) 滚筒洗衣机和假肢应用

图 5-6 和图 5-7 分别是美国 Lord 公司开发应用于滚筒洗衣机和假肢的减振器。试验表明,滚筒洗衣机的噪音可大大降低,安装有这种假肢的残疾人员可以自如地下楼梯和骑自行车[7,8]。

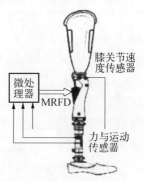

图 5-6　用于滚筒洗衣机的
磁流变液减振器

图 5-7　用于假肢的磁流
变液减振器

3) 武器系统

图 5-8 是 MRFD 应用于自行火炮炮筒的后坐力减振系统示意图,这种系统可很大地提高火炮的射击精度[9]。此外,与民用汽车减振系统的原理类似,MRFD 还可以改善履带装甲车辆的悬挂系统[10]。这种系统的应用,一方面可以提高战斗车辆机动性,另一方面,还可以通过改进悬挂系统的平稳性来提高坦

图 5-8　MRFD 用于自行火炮的炮筒
后坐力缓冲系统示意图

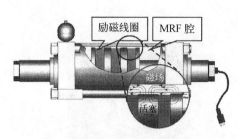

图 5-9　Lord 公司设计制作的 20 t磁流变液阻尼器

克、自行火炮等战斗车辆的行进间射击精度、缩短射击反应时间。

4）土木工程结构应用

MRFD 因其能耗低、结构简单、阻尼力大、可控性强而成为土木工程结构新一代的高性能半主动变阻尼（或称智能阻尼）控制装置。表 5-1 列出了 Lord 公司设计制作的可用于土木工程结构智能阻尼控制的 MRFD 的主要性能参数，图 5-9 是其构造示意图[11]。由表中性能参数可以看出，该阻尼器的能耗仅有 22 W，而阻尼力可达到 20 t。

表 5-1　Lord 公司设计制作的 20 t磁流变液阻尼器性能参数

冲程	最大阻尼力	最大与最小阻尼力比	最大耗电功率	缸体直径	流体最大屈服应力	极板间距	有效流体体积
±8 cm	200 kN	10.1($v=10$ cm/s)	22 W	20.32 cm	50 kPa	2 mm	90 cm^3

1996 年以来，Spencer 等人研究了磁流变液阻尼器的阻尼力模型、结构磁流变阻尼的地震反应控制、结构磁流变阻尼隔振和斜拉索的磁流变阻尼风振控制[12~17]。Dyke 等人[18]试验研究了一座三层框架地震反应的磁流阻尼控制效果。试验结果表明：不加磁场和加最大磁场都有控制效果；半主动限界最优控制接近理想主动控制的效果，而且总是稳定的。Johnson 等人[19]提出了结构的磁流变阻尼隔振系统。数值分析的结果表明，磁流变阻尼隔振系统能较好地适用于不同强度地震作用的结构隔振。同一时期，杨飏和欧进萍提出了被动可调阻尼力滞回模型的磁流变液阻尼器，并在此基础上研究了结构的磁流变阻尼被动和半主动隔振系统[20,21]。鉴于我国渤海海洋平台结构冰振严重的实际情况，欧进萍和王刚[22]分析和试验研究了海洋平台结构磁流变阻尼模糊控制。为了更好地发挥磁流变液阻尼器的控制效果，欧进萍和杨飏[23]提出了在海洋平台导管架和甲板之间设置磁流变阻尼隔振层的海洋平台结构智能阻尼隔振体系。数值分析结果表明，海洋平台结构智能阻尼隔振体系对冰振和地震反应的导管架位移和甲板加速度都有很好的控制效果。

2001 年日本东京国家新兴科技博物馆——Nihon-Kagaku-Miraikan 建筑首次将磁流变液阻尼器用于地震反应控制，如图 5-10 所示。该建筑第三层和第五层之间设置了两个最大阻尼力 30 t 的磁流变液阻尼器，阻尼器是日本 Sanwa Tekki 公司应用美国 Lord 公司的磁流变液研制开发的[24,25]。Sanwa Tekki 公司研制开发的最大阻尼力 40 t 的磁流变液阻尼器最近已经用于即将竣工的日本 Keio 大学的一栋隔振居住建筑[25,26]。2001 年我国岳阳洞庭湖大桥多塔斜拉桥首次安装磁流变液阻尼器控制斜拉索风雨激励的振动。在该桥上共安装了 312 个美国 Lord 公司生产的 SD－1005 型、最大出力 2 268 N 的磁流变液阻尼器,用于控制 156 根斜拉索风雨激励的振动,每根索设置两个磁流变液阻尼器[27]。哈尔滨工业大学欧进萍等人将自行研制开发的磁流变液阻尼器用于山东滨州黄河大桥 20 根斜拉索的风雨激振控制。

(a) Nihon‐Kagaku‐Miraikan 建筑　　　　　　(b) 磁流变液阻尼器设置方式

**图 5－10　日本东京国家新兴科技博物馆 Nihon-Kagaku-Miraikan
建筑设置的磁流变液阻尼器**

除此之外,磁流变阻尼液(MRF)作为一种功能材料,除了用于研制开发 MRFD 以外,在轴承密封、阀门和抛光等方面也具有广泛的应用前景。

5.4.2　磁流变液工作原理

1) 磁流变液的组成和流变机理

磁流变液是将高饱和磁感应强度的磁性微粒分散在不导磁的载液中形成悬浮液体,通常由三部分组成:分散相、连续相和添加剂。

(1) 分散相。通常为粒径在 1～10 μm 范围内的磁性微粒,一般采用铁、钴、镍等磁性材料,它是使磁流变液能够获得磁流变效应的主要成分。粒径太小会导致磁流变液的饱和磁感应强度太低,影响磁流变液的整体性能;太大则易引起严重的沉降问题。

(2) 连续相。作为连续介质的载液,要求具有良好的温度稳定性、阻燃性,还应保证不会发生污染和腐蚀作用,通常采用硅油、煤油、矿物油等。

(3) 添加剂。磁流变液体中的添加剂主要为稳定剂。作用是改善磁流变液的沉降稳定性和凝聚稳定性。通常稳定剂具有特殊的分子结构:一端对磁性颗粒界面能够产生高度的亲和力,吸附于磁性颗粒表面;另一端为极易分散于载液中的具有适当长度的弹性基团,一般采用氧化硅胶添加剂或其他表面活化剂。

磁流变液在磁场作用下,能够从自由流动的牛顿流体转变为具有一定剪切屈服强度的粘塑性体,撤去磁场后又恢复为液态,这就是磁流变液的流变效应,具有以下几个特点:

(1) 连续性。它能够随场强的变化而连续变化,因而磁流变阻尼器的阻尼力可以通过控制磁场大小而连续调节。

(2) 可逆性。即施加磁场后,磁流变液随磁场强度的增加硬化成为具有一定剪切强度的粘塑性体,当撤去磁场后,又恢复为自由流动的液体状态。

(3) 反应迅速。流变性能的转化通常在 ms 级时间内就可以完成。

磁流变液的流变效应目前还没有完全成熟明确的理论,通过显微镜可以观察到,在无磁场的情况下,磁性颗粒的分布是杂乱无章的,施加磁场后,磁性颗粒沿磁场方向呈链或链束状排列,在磁极之间形成粒子链,如图 5-11 所示,阻碍流体的正常流动,使流体成为一种具有一定剪切屈服强度的粘塑性体。

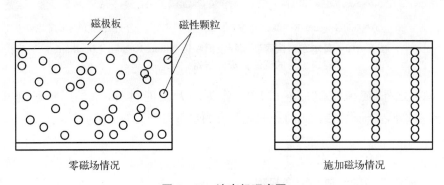

图 5-11　流变机理意图

对于磁性颗粒在磁场下成链状排列的原因,可以依照磁畴理论进行解释。在磁流变液的磁性颗粒中,相邻原子间存在着强交换耦合作用,它促使相邻原子的磁矩平行排列,形成自发磁化饱和区域即磁畴。没有外磁场作用时,每个磁畴中各个原子的磁矩排列取向一致,而不同磁畴磁矩的取向不同。磁畴的这种排列方式使每一磁性颗粒处于能量最小的稳定状态,因此,所有颗粒的平均磁矩为零,颗粒不显磁性。在外磁场作用下,磁矩与外磁场同方向排列时的磁能低于与外磁场反方向排列时的磁能,结果是自发磁化磁矩与外磁场成较大角度的磁畴体积逐渐缩小,这时颗粒的平均磁矩不再为零,颗粒对外显磁性,按序排列相接成链。当外磁场较弱时,链数量少、长度短也较细,剪断时需要的力相应较小。随外磁场的不断增大,取向与外磁场方向成较大角度的磁畴逐渐消失,留存的磁畴开始向外磁场方向旋转,磁流变液体中的链数量增加,并不断加长加粗,磁流变对外所表现的剪切应力增强,直至所有的磁畴都按外磁场方向整齐排列,磁化达到饱和,剪切屈服应力也达到饱和。

由于磁流变液的组成和结构都比较复杂,影响其流变性能的因素很多,主要有与磁性颗粒的饱和磁化强度、磁性颗粒的粒径和形状、体积比、外加磁场强度以及添加剂等有关系。

磁流变液由于其优良的性能,在许多领域都得到了广泛的应用,但建筑结构振动控制领域具有许多不同于其他领域的特点,相应地,用于结构振动控制的磁流变液也有一些特殊的性能要求:

(1) 由于结构控制的对象是大型的建筑结构,体积庞大,重量也很大,要求阻尼器提供的阻尼力也相应的很大。因此,磁流变液应当在强磁场下剪切屈服强度高,通常应达到 $50\sim100$ kPa,在地震荷载作用下能够提供足够大的阻尼力。这就要求磁性颗粒具有高磁饱和强度、高磁导率。

(2) 磁流变效应随磁场的变化必须是迅速可逆的,作为半主动控制器时尽量减小时滞现象,这样才能达到对结构振动进行智能控制的目的,这就要求磁流变液具有良好的退磁性能,磁滞回线窄长,矫顽力小。

(3) 沉降稳定性好。地震和飓风荷载属于偶然荷载,它的发生是随机的,在建筑物的生命周期内,有可能屡次发生,也有可能不发生,因而磁流变阻尼器有可能长时间处于静止状态,而且不易施加人为振动,这就意味着不能靠阻尼器活塞的运动来维持磁流变液的稳定,磁流变液体必须具有很高的沉降稳定性。同样是由于以上的原因,阻尼器大部分时间静止不动,在阻尼器的设计中可以不必过多地考虑密封和磨损的问题。为了保证磁流变液的沉降稳定性,要求磁性颗粒的体积不能过大,否则容易发生团聚沉降,并要加入适当的稳定剂。

(4) 零场黏度低。磁流变阻尼器提供的阻尼力可以分为不可控制的黏滞阻尼力和可通过磁场进行控制的库仑阻尼力两部分,为了增大阻尼器的可调范围,磁流变液的零场黏度应较低,通常应在 $0.2\sim1.0$ Pa·s。

(5) 磁流变液的稳定性应不随温度变化而发生剧烈变化,即在相当宽的温度范围内具有极高的稳定性,对混入其中的杂质不敏感。

(6) 为了推进磁流变阻尼器在实际建筑结构工程中的应用,磁流变液体所采用的制作原料应该是廉价而不稀少的,易于达到批量生产的。

2) 本构关系

图 5-12 是试验测得的 MRF 剪切应力与剪切应变和剪切应变速率的关系曲线。由图 5-12 可以看出,MRF 由静止受力状态到屈服流动状态的过程中存在着屈服前区、屈服区和屈服后区三个阶段,且在屈服前区具有黏弹材料的特性,稳定流动下的 MRF 具有类似 Bingham 体的本构特征。

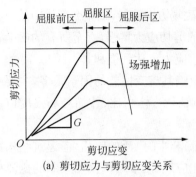
(a) 剪切应力与剪切应变关系

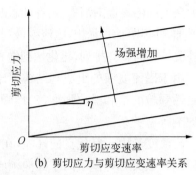
(b) 剪切应力与剪切应变速率关系

图 5 - 12　剪切应力与剪应变速率的关系

磁流变液在不施加磁场的情况下表现为自由流动的牛顿体,它的本构关系可以近似描述为

$$\tau = \eta\dot{\gamma} \tag{5-18}$$

式中:τ——MRF 的剪切应力;

η——流体的动力黏度;

$\dot{\gamma}$——流体的剪切应变速率。

$$\tau = \tau_y \mathrm{sgn}(\dot{\gamma}) + \eta\dot{\gamma} \tag{5-19}$$

式中:$\tau_y = \tau_y(H)$——MRF 的屈服强度,$\tau_y(H)$ 是由磁场产生的剪切屈服应力, 是磁场强度 H 的函数。

5.4.3　磁流变液阻尼器类型及相关理论

MRF 在 MRFD 内的运动,一般均可近似等同于如图 5 - 13 所示的无限大平行平板间的几种不同形式。根据流体的受力状态和流动特点的不同,MRFD 主要分为剪切式、阀式、剪切阀式和挤压流动式[28]几种。

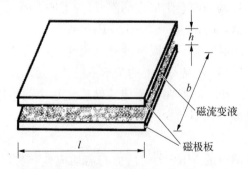

剪切式:上下极板以相对速度 v 平行运动
阀式:上下极板固定不动,流体以速度 v 流过极板间隙
挤压流动式:上下极板以相对速度 v 做接近或拉开式运动

图 5 - 13　在两平行板间的磁流变液运动示意图

1) 剪切式

典型的剪切式 MRFD 产品和构造原理图如图 5－14 所示[14]。这种装置在工作过程中,MRF 主要受到旋转圆盘的剪切作用。

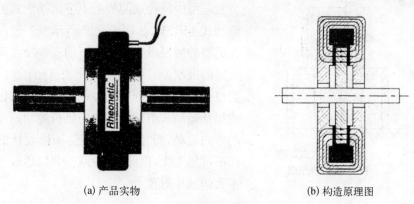

(a) 产品实物　　　　　　　　　(b) 构造原理图

图 5－14　剪切式磁流变液阻尼器

2) 阀式

图 5－15 为两种典型的阀式 MRFD。这种阻尼器的特点是通过迫使 MRF 流过一对固定极板间隙和孔隙而产生阻尼力。

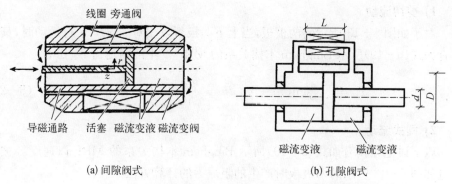

(a) 间隙阀式　　　　　　　　　(b) 孔隙阀式

图 5－15　典型的阀式磁流变液阻尼器构造原理图

3) 剪切阀式

典型的剪切阀式 MRFD 如图 5－16 所示。从图中可以看出,剪切阀式 MRFD 内的 MRF 既像阀式 MRFD 内的 MRF 那样受到挤压而被迫通过两极板,又像剪切式 MRFD 内的 MRF 那样受到两极板相对运动时产生的剪切作用。

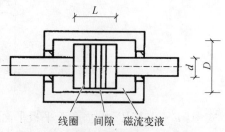

图 5－16　典型剪切阀式磁流变液阻尼器构造原理

4) 挤压流动式

剪切式以及剪切阀式磁流变液阻尼器由于磁路简单,便于设计和制作,因此是磁流变器件的主流形式。除此以外,磁流变液装置还可以设计成两极板上下运动形式的挤压流动式 MRFD,如图 5-17 所示。不过由于这种类型的减振设备存在如下的一些缺点而受到一定的限制:① 磁路设计比较复杂;② 因为此类设备的工作原理是两极板以相对速度做接近或拉开运动来迫使流体向与极板运动速度垂直的方向流动,而且磁路间隙受场强设计的限制而不可能太大,因此,这种减振器只适合于振幅不大的减振对象[29]。

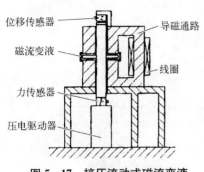

位移传感器　　导磁通路
磁流变液　　　线圈
力传感器
压电驱动器

图 5-17　挤压流动式磁流变液阻尼器构造原理

5.4.4　磁流变液流动的计算理论

如上所述,MRF 在 MRFD 内的运动,一般均可近似等同于如图 5-9 所示的无限大平行平板间的几种不同形式。探讨平板间 MRF 阻尼力的计算理论是建立 MRFD 阻尼力模型的基础。

1) 剪切流动

对于如图 5-13 所示的两极板,当上下两极板以相对速度 v 平行运动时,其间具有如式(5-19)所示 Bingham 本构关系的 MRF 产生的阻尼力 F_s 如下:

$$F_s = [\tau_y \mathrm{sgn}(\dot{\gamma}) + \eta\dot{\gamma}]lb = \frac{\eta lb}{h}v + lb\tau_y\mathrm{sgn}(v) \tag{5-20}$$

2) 阀式流动

以下讨论当具有如式(5-19)所示 Bingham 本构关系的 MRF 以速度 v 被迫通过如图 5-13 所示的两极板时产生的阻尼力的计算方法[29]。

将 MRF 的本构关系式(5-19)表示为

$$\frac{\mathrm{d}u}{\mathrm{d}y} = \begin{cases} \dfrac{\tau + \tau_y}{\eta} & \tau < -\tau_y \\ 0 & |\tau| \leqslant \tau_y \\ \dfrac{\tau - \tau_y}{\eta} & \tau > \tau_y \end{cases} \tag{5-21}$$

式中: u ——MRF 沿垂直于平板平面方向(y 方向)的速度分布。

假设 MRF 以体积流速 Q 在 ΔP 压差作用下做一维流动,且忽略体力和对流,则由动量守恒定理可知,MRF 沿平行于平板平面方向(x 方向)压力梯度与剪应力的关系为

$$\frac{\mathrm{d}p}{\mathrm{d}x} = \frac{\mathrm{d}\tau}{\mathrm{d}y} = 常数 = C \tag{5-22}$$

由于流体的流动沿平行平板的中间对称面对称,因此当 y 等于零时,流体的剪应力 τ 也等于零,将此条件代入式(5-22),可得

$$\tau = \frac{\mathrm{d}p}{\mathrm{d}x}y \tag{5-23}$$

由式(5-23)可见,流体的剪切应力沿平板间隙线性分布。

当平板两端的压差小于流体极限屈服应力时,MRF 静止不流动。因此由式(5-23)可知,使流变后的流体产生流动的极限压差为

$$\left|\frac{\mathrm{d}p}{\mathrm{d}x}\right| = \frac{2\tau_y}{h} \tag{5-24}$$

当压差大于或等于这个极限值时由于剪切应力在靠近极板处最大,因此靠近极板处的流体首先屈服并开始流动。在靠近两极板中心的对称面两侧,总有一部分流体所受的剪切应力小于流变液的剪切屈服应力,因而彼此之间不存在速度梯度。这部分流体类似于一个"活塞",在间隙内做轴向运动。由式(5-24)可知,此"活塞"的厚度为

$$h_c = -2\tau_y \left(\frac{\mathrm{d}p}{\mathrm{d}x}\right)^{-1} \tag{5-25}$$

可见,"活塞"的厚度取决于流体的屈服强度以及极板两端的压力差。

以上分析表明,MRF 在两极板之间的速度剖面以及流体内的剪应力具有如图 5-18 所示的特征。

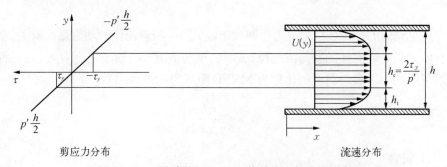

剪应力分布   流速分布

图 5-18 平行板间 Bingham 体剪应力与流速分布

将式(5-21)代入式(5-23)并积分,可得平行板间 MRF 任一点的速度为

$$u = \frac{1}{2\eta}\left(-\frac{\mathrm{d}p}{\mathrm{d}x}\right)\left[\left(\frac{h}{2}\right)^2 - y^2\right] - \frac{\tau_y}{\eta}\left(\frac{h}{2} - |y|\right) \quad \frac{h_c}{2} \leqslant |y| \leqslant \frac{h}{2}h$$

$$\tag{5-26a}$$

$$u = u_c = \frac{1}{8\eta\left(-\dfrac{\mathrm{d}p}{\mathrm{d}x}\right)}\left[h\left(-\frac{\mathrm{d}p}{\mathrm{d}x}\right) - 2\tau_y\right]^2 \qquad |y| \leqslant \frac{h_c}{2} \qquad (5-26\mathrm{b})$$

式(5-26a)表示流体在剪切区内的速度分布,式(5-26b)表示"活塞"区的速度。将断面速度分布曲线沿 y 轴积分并乘以平板的宽度 b,得到流体的体积流速为

$$Q = \frac{b}{12\eta}\left(\frac{L}{\Delta p}\right)^2\left[4\tau_y^3 - 3\tau_y h^2\left(\frac{\Delta p}{L}\right)^2 + h^3\left(\frac{\Delta p}{L}\right)^3\right] \qquad (5-27)$$

于是,当 MRF 以体积流速 Q 通过两平行平板时,其两端的压差 Δp 为

$$\Delta p = \frac{12\eta l Q}{b h^3}\left[1 - 3\frac{\tau_y l}{\Delta p h} + 4\left(\frac{\tau_y}{\Delta p}\right)^3\left(\frac{l}{h}\right)^3\right] \qquad (5-28)$$

5.4.5 阻尼力计算模型

本小节以构造如图 5-17 所示的磁流变液阻尼器为例,研究相应阻尼力计算模型。

1) 剪切式

假设图 5-17 所示的磁流变液阻尼器的活塞杆直径 d 等于活塞直径,则该阻尼器变为剪切式阻尼器,间隙间 MRF 的受剪面积则为 πDL,相当于平板间 MRF 受剪面积 lb。于是,将式(5-20)的 lb 换成 πDL,则得剪切式 MRFD 阻尼力模型为

$$F_s = \frac{\pi\eta DL}{h}v + \pi DL\tau_y\,\mathrm{sgn}(v) \qquad (5-29)$$

可见,剪切式 MRFD 阻尼力由两项组成:第一项与流体的动力黏度有关,基本上反映的是普通流体的黏滞阻尼特性;第二项与 MRF 的屈服强度有关,是一种库仑阻尼特性。后者与前者的比称为 MRFD 阻尼力的可调倍数,即

$$\beta_s = \frac{\tau_y h}{\eta|v|} \qquad (5-30)$$

2) 阀式

平行板间 MRF 流动的压差计算式(5-28)是一个三次代数方程,它反映了平板间体积流速与压差以及流体剪切屈服强度之间的关系。Philips(1996)对式(5-28)进行了简化。令

$$P^* = \frac{\Delta p}{l}\frac{b h^3}{12Q\eta} \qquad T^* = \frac{b h^2\tau_y}{12Q\eta}$$

将无量纲压差 P^* 和无量纲屈服应力 T^* 代入式(5-28),得

$$P^{*3} - (1+3T^*)P^{*2} + 4T^{*3} = 0 \qquad (5-31)$$

图 5-19 为式(5-31)的 T^* 与 P^* 的关系曲线[30]。从图中可以看出,当 T^* 值小于 0.5 时(流体剪切屈服强度低,体积流速大),公式 $P^* = 1+3T^*$ 的关系曲线与式(5-31)的 T^* 与 P^* 的关系曲线比较相近。此时平板间相距 L 的两断面 MRF 的压差简化公式为

$$\Delta p = \frac{12\eta L Q}{bh^3} + \frac{3L\tau_y}{h} \qquad (5-32)$$

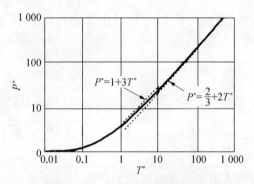

图 5-19　T^* 与 P^* 的关系曲线

当 T^* 值大于 200 时(流体剪切屈服强度高,体积流速低),公式 $P^* = \frac{2}{3} + 2T^*$ 的关系曲线与式(5-31)的 T^* 与 P^* 的关系曲线比较相近。此时平行板间相距 L 的两断面 MRF 的压差简化计算公式为

$$\Delta p = \frac{8\eta L Q}{bh^3} + \frac{2L\tau_y}{h} \qquad (5-33)$$

实验表明,阀式 MRFD 内的流体主要在 T^* 值较小的状态下工作,只有当活塞杆速度极低时,才有可能达到 T^* 值大于 200 的状况,因此,阀式 MRFD 阻尼压差常用的计算公式是式(5-32)。

对于图 5-16 所示的磁流变液阻尼器,忽略活塞与缸体相对运动产生的流体剪切阻尼,将式(5-32)两端乘以活塞有效面积 $A_p = \pi(D^2 - d^2)/4$,并注意到流体的体积流速 $Q = A_p v$,其中 v 是活塞运动的速度,则得相应的 MRFD 的阻尼力计算模型

$$F_s = \frac{3\pi\eta L (D^2 - d^2)^2}{4Dh^3} v + \frac{3L\pi(D^2 - d^2)}{4h}\tau_y \qquad (5-34)$$

由式(5-34)可以看出,与剪切式 MRFD 类似,阀式 MRFD 的阻尼力也是由黏滞阻尼力和库仑阻尼力两部分组成,其中库仑阻尼力是 MRFD 的可调阻尼力。库仑阻尼力与黏滞阻尼力之比即为相应的 MRFD 阻尼力的可调倍数,即

$$\beta_v = \frac{bh^2\tau_y}{4\eta Q} = \frac{Dh^2\tau_y}{\eta(D^2-d^2)v} \qquad (5-35)$$

式(5-35)表明,MRFD 表观黏度 η 越大、活塞运动速度 v 越高、活塞与缸体的间隙 h 越小,则 MRFD 阻尼力的可调倍数越低;MRF 剪切屈服强度 τ_y 越高,则 MRFD 阻尼力的可调倍数也越高。

3) 剪切阀式

如图 5-16 所示的剪切阀式 MRFD 的阻尼力可以表示为阀式阻尼力与剪切式阻尼力之和的形式[28],即

$$F_{sv} = F_s + F_v \qquad (5-36)$$

代入式(5-29)和式(5-34),则得剪切阀式 MRFD 的阻尼力为

$$F_{sv} = \left[\frac{3\pi\eta L(D^2-d^2)}{4Dh^3} + \frac{L\pi D\eta}{h}\right]v + \left[\frac{3\pi L(D^2-d^2)}{h} + L\pi D\right]\tau_y \qquad (5-37)$$

式(5-37)中剪切式阻尼力在总阻尼力中所占的比重可以从其库仑阻尼力和黏滞阻尼力分别与相应的阀式库仑阻尼力与黏滞阻尼力之比看出。其中,库仑阻尼力之比为

$$K_{cou} = \frac{L\pi D}{3LA_p/h} = \frac{4h}{3D} \qquad (5-38)$$

黏滞阻尼力之比为

$$K_{vis} = \frac{L\pi D\eta/h}{12\eta LA_p/\pi Dh^3} = \left(\frac{4h}{3D}\right)^2 \qquad (5-39)$$

由于剪切阀式 MRFD 活塞与缸体的间隙 h 很小,一般仅为 1～2 mm,而活塞的直径比间隙 h 要大得多,因此剪切阀式 MRFD 阻尼力计算模型完全可以应用阀式 MRFD 的计算模型,即

$$F_{sv} = \frac{3\eta L\left[\pi(D^2-d^2)\right]^2}{4\pi Dh^3}v + \frac{3L\pi(D^2-d^2)}{4h}\tau_y \mathrm{sgn}(v) \qquad (5-40)$$

式中,符号函数 $\mathrm{sgn}(v)$ 是考虑活塞的往复运动。

图 5-20 画出了具有表 5-2 所列结构尺寸参数的阀式与剪切阀式 MRFD 在流变液的剪切屈服强度 τ_y 为 40 kPa、表观黏度 $\eta = 1\,\mathrm{Pa \cdot s}$ 时,阻尼力与速度的关

系曲线。图中曲线表明阀式和剪切阀式阻尼力曲线基本相同。

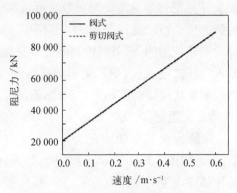

图 5－20　阀式与剪切阀式阻尼力比较

表 5－2　阀式和剪切阀式 MRFD 结构尺寸基本参数

间隙 h/mm	缸筒内直径 D/mm	活塞轴直径 d/mm	活塞有效长度 L/mm
2	100	40	40

5.5　基于智能控制理论磁流变阻尼器优化设计方法

5.5.1　受控系统基本模型

1) 运动方程

假设在一个 n 自由度的结构上设置 p 个磁流变液阻尼器,则结构磁流变阻尼控制系统的运动方程可以表示为

$$M\ddot{X} + C\dot{X} + KX = D_s F + B_s U_s \tag{5-41}$$

式中:$X,\dot{X},\ddot{X}$——分别为结构的位移、速度和加速度向量;

$\quad B_s$——$n \times p$ 维磁流变液阻尼器位置矩阵;

$\quad U_s$——$p \times 1$ 维磁流变液阻尼器控制力向量;

$\quad M,C,K$——分别为结构质量、阻尼和刚度矩阵;

$\quad D_s$——环境干扰矩阵。

由式(5-40)知,结构中第 i 个磁流变液阻尼器的阻尼力(以下省略了下标 i)可以写成以下形式

$$f_d = c_d \dot{x}_d + f_{dy}\mathrm{sgn}(\dot{x}_d) \tag{5-42}$$

式中：$\dot{x}_d$——磁流变液阻尼器的相对速度；

c_d，f_d——磁流变液阻尼器的黏滞阻尼系数和可调库仑阻尼力。

式(5-42)中右边第一项是被动黏滞阻尼力，是不可调节或控制的；第二项是可变库仑阻尼力，是可调节或控制的，调节或控制的过程是根据以下介绍的某种半主动控制算法，调节输入电压或电流、改变阻尼器的磁场强度，从而改变磁流变液的剪切屈服强度，实现控制算法期望的控制力。因此，磁流变液阻尼器相当于两个并联的装置：其一是被动黏滞阻尼器；其二是半主动变库仑阻尼装置。因此，磁流变液阻尼器阻尼力可以分解为被动黏滞阻尼力 $f_{dv} = c_d\,\dot{x}_d$ 和可调库仑阻尼力 $f_{dc} = f_{dy}\mathrm{sgn}(\dot{x}_d)$ 两个部分，如图5-21所示。图中 f_{dymin} 是由于磁流变液阻尼器装置密封、连接件等机械部件产生的摩擦力；$f_{dymax} - f_{dymin}$ 是磁流变液阻尼器的磁流变液在磁场作用下的流变效应产生的可变库仑阻尼力。因此，磁流变液阻尼器可调的阻尼力是图5-21(b)中的阴影部分。

因此，根据以上的分析，式(5-41)右边的磁流变阻尼控制力项 $\boldsymbol{B}_s\boldsymbol{U}_s$，可以分解为两部分

$$\boldsymbol{B}_s\boldsymbol{U}_s = -\boldsymbol{C}_d\,\dot{\boldsymbol{X}} + \boldsymbol{B}_s\boldsymbol{U}_{sy} \qquad (5-43)$$

式中，第一项是磁流变液阻尼器的被动黏滞阻尼力；第二项是磁流变液阻尼器按某种半主动控制算法实现的库仑阻尼力。

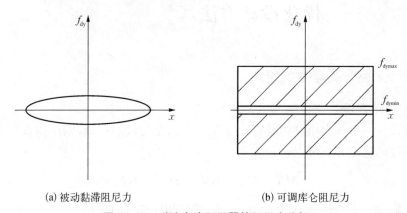

(a) 被动黏滞阻尼力　　　　　　　　　　(b) 可调库仑阻尼力

图 5 - 21　磁流变液阻尼器的阻尼力分解

于是，将式(5-43)代入式(5-41)，则结构磁流变阻尼控制系统的运动方程可以写成为

$$\boldsymbol{M}\ddot{\boldsymbol{X}} + (\boldsymbol{C} + \boldsymbol{C}_d)\,\dot{\boldsymbol{X}} + \boldsymbol{K}\boldsymbol{X} = \boldsymbol{D}_s\boldsymbol{F} + \boldsymbol{B}_s\boldsymbol{U}_{sy} \qquad (5-44)$$

2) 状态方程

设状态向量 $\boldsymbol{Z}(t) = \begin{bmatrix} \boldsymbol{X}(t) \\ \dot{\boldsymbol{X}}(t) \end{bmatrix}$，则相应于运动方程式(5-44)的结构磁流变阻尼

控制系统的状态方程可以表示为

$$\dot{\boldsymbol{Z}}(t) = \boldsymbol{A}\boldsymbol{Z}(t) + \boldsymbol{B}\boldsymbol{U}_{\mathrm{sy}}(t) + \boldsymbol{D}\boldsymbol{F}(t) \tag{5-45a}$$

$$\boldsymbol{Y}(t) = \boldsymbol{C}_0\boldsymbol{Z}(t) + \boldsymbol{D}_0 \tag{5-45b}$$

式中：$\boldsymbol{Y}(t)$——输出响应；

　　$\boldsymbol{C}_0$——辅出位置矩阵；

　　$\boldsymbol{D}_0$——常数矩阵；

$$\boldsymbol{A} = \begin{bmatrix} \boldsymbol{0}_n & \boldsymbol{I}_n \\ -\boldsymbol{M}^{-1}\boldsymbol{K} & -\boldsymbol{M}^{-1}(\boldsymbol{C}+\boldsymbol{C}_{\mathrm{d}}) \end{bmatrix},\ \boldsymbol{I}_n\ 为单位矩阵,0\ 为\ n\ 维零矩阵。$$

5.5.2　磁流变阻尼器最优化设计方法

结构磁流变阻尼控制算法主要有以下三个要点：

（1）由状态方程（包括输出方程）式（5-45）按某种智能控制算法计算确定最优控制力向量 $\boldsymbol{U}(t)$。

（2）参照主动最优控制力向量 $\boldsymbol{U}(t)$，考虑磁流变液阻尼器可能实现控制力的实际情况，尽可能地设定磁流变液阻尼器的控制力 $\boldsymbol{U}_{\mathrm{s}}(t)$ 接近主动最优控制力 $\boldsymbol{U}(t)$。

磁流变液阻尼器可能实现的控制力主要的限制是控制力方向是有限的。因为磁流变液阻尼器是以阻尼力的形式提供控制力，因此，只能提供与结构运动相反、即阻止结构运动的控制力。该控制力是与阻尼器的相对速度方向相反的力。正因为这一原因，磁流变阻尼控制总是无条件稳定的，而且具有很好的鲁棒性。此外，与主动控制作动器相比，磁流变液阻尼器的最大阻尼力不是一个特殊的限制，因为，在可比的条件下两者的最大出力都是有限的。可采用 5.3.4 节给出的当控制器出力受到限制时控制策略进行计算。

假设由状态方程式（5-45）按某种主动控制算法求得结构的主动最优控制力向量为 $\boldsymbol{U}(t)$，相应的分量为 $u(t)$，这里省略了下标 $i(i=1,2,\cdots,p)$。相应于主动最优控制力 $\boldsymbol{U}(t)$ 的磁流变液阻尼器半主动控制力记为 $\boldsymbol{U}_{\mathrm{s}}(t)$，由于控制力是表示在系统运动方程或状态方程的右端，因此，它与磁流变液阻尼器实际实现的库仑阻尼力 $\boldsymbol{U}_{\mathrm{d}}$ 具有以下关系

$$\boldsymbol{U}_{\mathrm{s}}(t) = -\boldsymbol{U}_{\mathrm{d}}(t) \tag{5-46a}$$

写成分量的形式，则为

$$u_{\mathrm{s}}(t) = -u_{\mathrm{d}}(t) \tag{5-46b}$$

根据 5.3.3 节当控制器出力受到限制时的控制策略，下面将给出几种主要的半主动磁流变阻尼控制算法及其相应的磁流变液阻尼器的阻尼力。

（a）简单 Bang-Bang 控制算法——Semi1。

简单的 Bang-Bang 磁流变阻尼控制算法可以表示为

$$u_d(t) = \begin{cases} c_d\,\dot{x} + f_{\text{dymax}}\,\text{sgn}(\dot{x}) & (x\dot{x} > 0) \\ c_d\,\dot{x} + f_{\text{dymin}}\,\text{sgn}(\dot{x}) & (x\dot{x} \leqslant 0) \end{cases} \qquad (5-47)$$

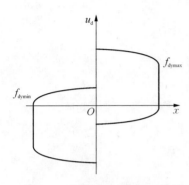

图 5‑22　简单 **Bang-Bang** 控制
算法的磁流变液
阻尼器阻尼力

式中，$x = x_d$ 是磁流变液阻尼器的相对位移。该控制算法表明，当磁流变液阻尼器所在位置，如结构层间背离平衡点振动时，施加阻尼器能实现的最大阻尼力，否则，施加最小阻尼力。

简单 Bang-Bang 控制算法相应的磁流变液阻尼器阻尼力如图 5‑22 所示。图中表明，磁流变液阻尼器在第一、三象限提供最大的阻尼力。

（b）最优 Bang-Bang 控制算法——Semi2。

最优 Bang-Bang 磁流变阻尼控制算法可以表示为：

$$u_d(t) = \begin{cases} c_d\,\dot{x} + f_{\text{dymax}}\,\text{sgn}(\dot{x}) & (u\dot{x} > 0) \\ c_d\,\dot{x} + f_{\text{dymin}}\,\text{sgn}(\dot{x}) & (u\dot{x} \leqslant 0) \end{cases} \qquad (5-48)$$

该控制算法表明，当最优控制力与磁流变液阻尼器所在位置振动方向相反时，施加阻尼器能实现的最大阻尼力；否则，施加最小阻尼力。这一控制算法正好反映了磁流变液阻尼器只能施加阻止结构运动的力，而不能施加推动结构运动的力。

图 5‑23 画出了最优 Bang-Bang 控制算法的两种极端情况——u 始终与上同号和反号的磁流变液阻尼器库仑阻尼力。事实上，两种极端情况相当于 Passive-on 和 Passive-off 控制，而该算法实际的半主动控制是跳动于这两者之间的。

（c）限界 Hrovat 最优控制算法——Semi3。

限界 Hrovat 磁流变阻尼控制算法可以表示为

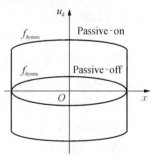

图 5‑23　最优 **Bang-Bang**
控制算法两种
极端情况下的
磁流变液阻尼
器阻尼力

$$u_d(t) = \begin{cases} c_d\,\dot{x} + f_{\text{dymax}}\,\text{sgn}(\dot{x}) & (u\dot{x} < 0 \text{ 且 } |u| > u_{\text{dmax}}) \\ |u|\,\text{sgn}(\dot{x}) & (u\dot{x} < 0 \text{ 且 } |u| < u_{\text{dmax}}) \\ c_d\,\dot{x} + f_{\text{dymin}}\,\text{sgn}(\dot{x}) & (u\dot{x} \geqslant 0) \end{cases}$$
$$(5-49)$$

式中，$u_{\text{dmax}} = c_d\,|\dot{x}| + f_{\text{dymax}}$ 是磁流变液阻尼器相应于主动最优控制力 $u(t)$ 时刻可能实现的最大阻尼力。该控制算法是在最优 Bang-Bang 控制算法的基础上，在磁流变液阻尼器可实现的库仑阻尼力范围内增加了 Hrovat 半主动控制力，即当

$u\dot{x}<0$ 且 $|u|<u_{d\max}$ 时,调节磁流变液阻尼器实现最优控制力 u,最优控制力 u 由 5.3 节介绍的智能控制方法计算。

当将磁流变液阻尼器的被动黏滞阻尼力部分移至运动方程的右端或写入状态方程矩阵 $\boldsymbol{A}$ 中,像运动方程式(5 - 44)和状态方程式(5 - 45)那样,则式(5 - 46)变成

$$U_{sy}(t)=-U_{dy}(t) \tag{5-50a}$$

写成分量的形式,则为

$$u_{sy}(t)=-u_{dy}(t) \tag{5-50b}$$

式中,u_{dy} 相应于以上三种半主动控制算法分别为式(5 - 47)~式(5 - 49)右端减去被动黏滞阻尼力部分 $c_d\dot{x}$ 的可变库仑阻尼力。

(3) 将磁流变液阻尼器的控制力转变为阻尼器的基本调节量——输入电流或电压。因为,磁流变液阻尼器的控制力只有通过调节输入电流或电压,改变阻尼器磁场强度并被动地依赖结构振动产生阻尼器间的相对速度才能实现。

5.6　动力响应测试系统的设计方案

在控制系统进行数值模拟时,可以采用数值计算的方法将平台结构的位移、速度或加速度动力响应作为已知的信号输入控制系统,控制系统对输入的动力响应信号进行智能分析输出控制力,该控制力作用于平台结构,控制平台的动力响应,整个过程是一个闭环的控制过程。然而在控制系统实际应用过程中,由于外界环境荷载的复杂性与不确定性,需要布设实时的动力响应测试系统对平台结构的总体动力响应进行测试,将测试的信号实时传输到控制系统从而产生控制效果。因此为了使得控制系统能够达到预期的控制效果,正确有效的设计平台结构的动力响应测试方案是十分重要的。根据以往对海洋平台振动控制系统的数模结果以及水池模型试验的研究结果,下面给出在动力响应测试方案需要重点解决的几个方面及设计原则。

1) 测试信号的类型及测试布点的设计原则

海洋平台结构的振动响应信号主要有位移响应、速度响应以及加速度响应,结构的振动位移幅度、加速度响应对结构的疲劳破坏以及人体舒适感造成主要的影响,因此在实际控制过程中主要针对这两类响应进行控制,结构的速度响应直接决定阻尼器的控制力大小,因此在控制系统的输入信号需要位移、速度以及加速度响应。在实际测量中加速度信号是最容易进行测量的,速度信号可以通过测量得到

的加速度信号进行一次积分得到,而位移信号由于积分累计误差的原因,一般不采用加速度二次积分来获得,一般通过非接触式测量系统来进行测试。在测试布点的过程中通常要遵循以下原则:

(1) 测点布置个数应根据控制器的布置个数来确定。通常一个控制器需要在其与平台连接的两个位置均布设加速度传感器,在平台甲板的中心位置布设位移测量系统用于测量平台结构的整体振动位移。

(2) 传感器的安装位置应避免浸水或波浪的排击作用,尽量布置在平台结构相对封闭的位置处。

(3) 尽量采用二维或三维传感器来测量平台结构波浪平面内的两个方向的响应信号。

(4) 传感器布置在相对较强的结构位置且远离平台结构动力装置,避免测试局部结构的振动信号,从而影响对结构整体振动的控制效果。

2) 测试信号的采样频率及测试信号的滤波原则

由于海洋环境比较复杂,平台结构在某些情况下也会出现非线性振动,加之各种噪声的干扰,因此通常测量的信号频率成分非常多、杂,需要对测量的信号进行滤波处理后,再将滤波后的信号传输给控制系统。在对信号进行滤波的过程中通常采用区间频率来控制,考虑波浪频率一般小于 1 Hz,海洋平台结构的频率一般小于 2 Hz,因此即通常采用 50 Hz 为滤波频率的上限,将频率超过 50 Hz 的信号进行过滤,具体滤波方法参见相关信号处理的书籍。

3) 测试信号的正确性检查及预警设置原则

实际信号测量过程中由于实时监控和控制,因此历时较长,当平台在恶劣海况时,可能会出现传感器损坏或脱落的现象,因此需要对测量信号的正确性进行检查,并当信号出现异常时能够出现提示预警设置。由于实测信号的复杂性,因此在进行信号检查时通常根据数值模拟最恶劣海况下平台的动力响应幅值的 5 倍设置为信号的最大值,当测量信号超过所设置的最大值时,系统出现预警提示,测试人员具体检查信号的正确性及传感器的布设情况。同时为了防止出现传感器损坏而测量结果极小的情况,以 10 min 为时间长度对测量信号的标准差进行检查,当标准差小于某一设定值时(可根据实际平台在较小海况下动力响应的标准差数模结果进行设置),系统出现预警提示。

参 考 文 献

[1]　欧进萍. 结构振动控制——主动、半主动和智能控制[M]. 北京：科学出版社,2003.

[2]　王寿健,金龙,徐志科. 基于 BP 神经网络控制算法的超声波电动机控制[J]. 微特电机,2011,39(2)：44 - 46.

[3]　陈小飞,吉莉,刘昆. 基于 BP 神经网络的磁悬浮飞轮控制[J]. 航天工程, 2010,28(5)：3 - 8.

[4]　李宏男,等. 结构振动与控制[M]. 北京：中国建筑出版社,2005.

[5]　A. P. Christopher. 1988. Experimental evaluation of semiactive magnetorheological suspension for passenger vehicles [D]. Master Degree of Virginia Polytechnic Institute and State University, Virginia, USA.

[6]　N. Mclellan. 1998. On the development of a real-time embedded digital controller for heavy truck semiactive suspensions [D]. Master Degree of Virginia Polytechnic Institute and State University, Virginia, USA.

[7]　J. C. Michael. 2001. MR fluid sponge devices their use in vibration control of washing machines [C]. Proceedings of SPIE Conference on Smart Structure and Materials, Newport Beach, CA, USA.

[8]　J. D. Carlson, W. Matthis, R. T. James. 2001. Smart prosthetics based on magnetorheological fulids [C]. Proceeding of SPIE Conference on Smart Structure and Materials, Newport Beach Beach, CA, USA.

[9]　P. James. 2002. Innovative designs for magneto-rheological dampers [R]. Report of Advanced Vehicle Dynamic Laboratory, Virginia Polytechnic Institute and State University, USA.

[10]　张进秋,欧进萍,李猛,等. 半主动悬挂系统磁流变减振器的阻尼力与实验分析[J]. 地震工程与工程振动,2003,23(1)：122 - 127.

[11]　G. W. Housner, L. A. Bergman, T. K. Caughey, et al. Structure control： present future [J]. ASCE Journey of Engineering Mechanics, 1997, 123(9)：897 - 971.

[12]　B. F. Spencer, S. J. Dyke, M. K. Sain, et al. Dynamical model of a magnetorheological dampers [J]. ASCE Journey of Engineering Mechanics, 1996,123(3)：230 - 238.

[13]　S. J. Dyke, B. F. Spencer, P. Quast, et al. Implementation of an active mass driver using acceleration feedback control [J]. Microcomputers in Civil Engineering, 1996(11)：565 - 575.

[14]　J. D. Carlson, B. F. Spencer. Magneto-rheological fluid dampers：scalability and design issues for application to dynamic hazard mitigation [C]. Proceeding of Second International Workshop on Structure Control, Hong Kong, 1996： 99 - 109.

[15] B. F. Spencer, S. J. Dyke, M. K. Sain, et al. Phenomenological model for magnetorheological dampers [J]. ASCE Journey of Engineering Mechanics, 1997,123(3): 230 - 238.

[16] E. A. Johnson, J. C. Ramallo, B. F. Spencer, et al. Intelligent base isolation system [C]. Proceedings of Second World conference on structure control, Kyoto, Janpan, 1998: 367 - 376.

[17] E. A. Johnson, P. G. Voulgaris, L. A. Bergman. Multiobjective optimal structure control of the notre dame building model benchmark [J]. Earthquake Engineering and Structure Dynamic, 1998, 27 (10): 1165 - 1187.

[18] S. J. Dyke, B. F. Spencer, M. K. Sain, et al. Modeling and control of magnetorheological dampers for seismic response reduction[J]. Smart and Structure, 1996(5): 565 - 575.

[19] E. A. Johnson, B. F. Spencer, Y. Fujino. Semi-active damping of stay cables: preliminary study [C]. Proceeding of 17th International Modal Analysis Conference, Kissimmee, Florida, USA, 1999: 417 - 423.

[20] 杨飏. 结构的电流变装置及其隔震性能[D]. 哈尔滨工程大学,2001.

[21] 杨飏,关新春,欧进萍. 可调滞回模型的磁流变阻尼器及其实验[J]. 地震工程与工程振动,2002,22(2): 114 - 120.

[22] 欧进萍,王刚. 海洋平台结构磁流变阻尼器智能控制的实验研究[C]. "九五"国家自然科学基金重大项目——大型复杂结构的关键科学问题及设计理论论文集. 哈尔滨,2002.

[23] 欧进萍,杨飏. 压电 T 型变摩擦阻尼器及其性能试验与分析[J]. 地震工程与振动工程,2003,23(4): 171 - 177.

[24] G. Yang. Large-scale magnetorheological fulid damper for vibration mitigation: modeling, testing and control [D]. Ph. D Dissertation University of Notre Dame, Indiana, USA,2001.

[25] B. F. Spencer, S. Nagarajaiah. State-of-the-art of structure control [J]. Journal of Structural Engineering, 2003: 844 - 856.

[26] H. Fujitani, et al. Development of 400 kN magnetorheological damper for a real base-isolated building [C]. Proceeding of SHIP Conference Smart Structure and Materials, 5057, SHIP-International Society for Optical Engineering,Bellingham,Wash,England, 2003.

[27] Y. Q. Ni, J. M. Ko, Z. Q. Chen, et al. Lesson learned from application of semi-active MR dampers to bridge cables for wind-rain-induced vibration

control〔C〕. Proceedings of China-Japan Workshop on Vibration Control and Health Monitoring of Structures and Third Chinses Symposium on Structure Vibration Control,Shanghai,China, 2002.

[28] 欧进萍,关新春. 磁流变耗能器及其性能[J]. 地震工程与工程振动,1998, 18(3): 1 - 7.

[29] R. Bolter, H. Janocha. 1997. Design rules for MR fluid actuators in different working modes〔C〕. Proceedings of the SPIE's Symposium on Smart Structures and Materials,1997(3045): 148 - 159.

[30] J. P. Coulter, T. G. Duclos. Applications of electrorheological materials in. vibration control〔C〕. Proc. 2nd Int. Conf. On ER Fluids, Raleigh, 1989(NC): 300 - 325.

[31] 陶宝棋,熊克,袁慎芳,等. 智能材料结构〔M〕. 北京:国防工业出版社,1997.

第 6 章 海洋平台智能控制技术 应用实例分析

本章以应用广泛的导管架海洋平台、自升式海洋平台为研究对象,分别给出适用于这两类海洋平台的振动控制系统及装置的设计方法,并对控制效果进行数值模拟和分析。

6.1 导管架海洋平台发展概况

海洋平台的建造历史可以追溯到 1887 年在美国加利福尼亚所建造的第一座用于钻探海底石油的木质平台。1947 年在美国墨西哥湾海域水深 6 m 处建造了第一座钢质导管架海洋石油开采平台,开创了海洋开发的新篇章。此后,海洋平台得到了迅速的发展。20 世纪 70 年代末,钢制导管架平台已经安装于 300 多米的海域,而到了 1990 年 486 m 高的巨型导管架平台在墨西哥湾 400 多米的水深中进行工作。导管架平台在随后的多年中逐渐地扩展到更深的水域和更恶劣的海洋环境的石油开采工程中。这些平台以勘探、开发海洋资源为主,其中尤以开发、储藏石油和天然气的平台占多数。迄今为止,世界上建成的大、中型导管架海洋平台约有 2 000 余座。导管架海洋平台是应用最多的一种平台形式,约占整个海洋平台数量的 90% 以上。

导管架的取名基于管架的各条腿柱作为管桩的导管这一结构特点。它包括上部结构和基础结构。上部结构分为甲板、梁、立柱或桁架,主要作用是为海上钻、采提供必需的场地以及布置工作人员的生活设施等,提供充足的甲板面积,保证钻井或采油作业能顺利进行。

基础结构分为导管架和钢桩,导管架主要由管状通过焊接而成,一般呈多边棱台型,坐落于海床上,适应复杂的海洋气候工作环境:如海啸、风暴、波、浪、流、海洋生物侵蚀、冰、地震等,同时它还承受平台的工作荷载,如图 6 - 1[1,2] 所示。

导管架的主要构件是导管,无论何种形式的导管架,其组成基本分为主要结构和附属结构,主要结构主要有:

导管腿——竖向大直径圆管立柱,承受并传递平台载荷的主要受力构件。

拉筋——导管腿之间的管状连接构件,也是承受并传递平台载荷的主要受力构件。

裙装套筒——桩与导管架之间的联结构件,主要结构是管状物与板的组合形式,通过它可将平台载荷传递到钢桩。

钢桩——管状构件,承受平台载荷并将之传递到主着力层上,从套筒(或导管腿)内打入。

导管架按导管数量的多少分类通常有以下几种形式:

(1) 三导管导管架。这种导管架有三条呈等边三角形布置的导管。该种导管架主要用于井口保护平台、火炬塔支撑平台以及一些机械设施支撑结构。

(2) 四导管导管架。该种导管架有四根导管,一般导管布置呈正方形或矩形。该种导管架是海上油气田开发中常用的一种结构形式,主要用于井口保护平台、生活平台、压缩机平台,也常用于油(气)生产平台和钻井平台。其四根导管根据使用要求可以设计成等斜度的,也可设计成一侧垂直而另一侧倾斜的。如图 6-2 所示。

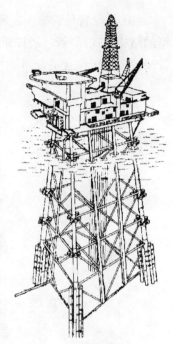

图 6-1　为典型的导管架平台结构的示意图

图 6-2　四导管导管架

（3）八导管导管架。这种导管架有八根导管,是用于海上石油开发的一种典型的结构形式,导管一般按矩形布置,呈双斜对称布置,每行有四根导管。该种导管架主要用于综合平台,其甲板面积大,承载能力高。如图 6-3 所示。

图 6-3　八导管导管架

此外,还用六、九、十二、十六、二十四导管的导管架。我国早期安装的导管架多为十六导管,也有九导管和二十四导管的导管架平台。

6.2　自升式海洋平台发展状况及结构特点

海上钻井平台一般可分为固定式钻井平台和移动式钻井平台。固定式钻井平台稳定性好,海面气象条件对钻井工作影响小,但缺点是不能移动和重复使用,其造价成本随水深增加而急剧增加。为解决钻井平台的移动性和深海钻井问题,又出现了多种移动式钻井平台,主要包括沉垫式钻井平台、自升式钻井平台、半潜式钻井平台和钻井船等,其中自升式钻井平台对水深适应性强、工作稳定性良好、发展较快,约占海上移动式钻井平台的 60%。

自升式钻井平台,又称为桩脚式钻井平台,是目前国内外应用最为广泛的钻井平台。自世界首座自升式钻井平台"The Scorpion"号由 LeTourneau 技术公司在 1955 年建造以来,大量的自升式海洋平台活跃在中东/东欧、亚太/澳大利亚以及墨西哥湾区域。从作业水深来看,自升式钻井平台适用于浅海,目前运营中的该类平台最大工作水深达到 168 m。最大作业水深超过 107 m 的深水自升式钻井平台目前已成为自升式钻井平台市场的主流产品,来自 2010 年 10 月 Rigzone 的数据表明,目前全世界在建的 37 座自升式钻井平台中,有 24 座最大作业水深超过107 m。

自升式钻井平台的基本组成部分是平台(船体)、桩腿、升降系统、锁紧装置以及悬臂梁等。需要打井时,将桩脚插入或坐入海底,平台(船体)还可顺着桩腿上爬,离开海面,工作时可不受海水运动的影响。打完井后,平台(船体)可顺着桩腿爬下来,浮在海面上,再将桩脚拔出海底,并上升一定高度,即可拖航到新的井位上。自升式平台的主要结构如下[3,4]:

(1) 平台(船体)。平台一般分上下两层甲板,作为布置钻井设备钻井器材和生活舱室等用。当停止工作后,平台(船体)相当于驳船。

(2) 桩腿及桩靴。桩腿是自升式钻井平台的关键部位,当自升式钻井平台实施作业的时候,需通过升降机构将平台举升到海面以上安全高度,接着进行桩腿的插桩,并由桩靴来支撑整个平台。典型的自升式钻井平台有 3 个独立桩腿,如图 6-4所示,每个桩腿根部设计有桩靴,如图 6-5 所示。

图 6-4 典型的自升式钻井平台

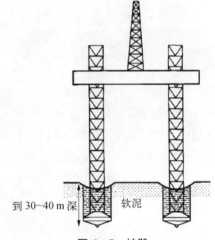

到 30~40 m 深   软泥

图 6-5 桩靴

(3) 升降系统。作为自升式平台中的关键部分,在平台的设计制造中历来受到高度重视,其性能的优劣直接影响平台的安全和使用效果。自升式平台的升降系统大致分为两大类:齿轮齿条电动升降和孔穴插销液压升降。由于齿轮齿条式升降速度快、操作简单、易对井位,多为桁架式自升式钻井平台所采用。

(4) 锁紧装置。锁紧装置主要由夹锁紧液压缸、驱动液压缸及锁紧块等组成。通过驱动液压缸推动锁紧块与齿条接触,并与齿条紧紧啮合,通过上下两锁紧液压缸将锁紧块紧紧夹住,这样可将整个平台的重量施加在锁紧块上,以固定平台。液压驱动系统是将平台与锁紧块联系起来的一个纽带。在进行升降操作时,松开上下部夹紧液压缸,驱动液压缸回缩,即可将锁紧块与齿条脱开。

(5)悬臂梁。自升式平台的钻台已经从早期的槽口式发展到当今的悬臂梁式。悬臂梁平台的设计建造,大大提升了自升式钻井平台的作业功能,从传统的纯勘探钻井发展到钻完井作业、修井作业和钻调整井等作业,大大减轻井口导管架平台的设计承载量,减少导管架平台的成本。

自升式海洋平台按照桩腿结构分有柱体式、桁架式等(图6-6,图6-7)。柱体式桩腿由钢板焊接成封闭式结构,其断面有圆柱形和方箱形两种,新一代自升式钻井平台桩腿大多采用桁架式。

图6-6　桁架式

图6-7　柱体式

按照桩腿的数量可分为3根和4根桩腿的自升式钻井平台。3根桁架式桩腿适用于大中型平台,作业水深较大,平台主体平面呈三角形;4根柱体式桩腿适用于中小型的自升式钻井平台,作业水深较小,平台主体平面呈矩形,如图6-8所示。

图6-8　4根柱体自升式海洋平台

6.3 单自由度导管架平台振动
控制实例仿真分析

1) 平台概况

　　一导管架海洋平台位于墨西哥湾海域,水深 175 m,桩腿从上到下直径逐渐增大,水面处桩腿直径为 1.6 m,均固定于海底。该平台共离散为 390 个两节点空间管单元。采用作用于八个主桩腿位置处的质量单元来近似甲板和甲板上的设备。平台的 FE 模型如图 6-9 所示,主要海况详见表 6-1。

图 6-9　导管架平台有限元模型

表 6-1　平台的基本参数

平　　台	总质量	16 500 000 kg
	结构阻尼	4%(主振形)
	等效固定高度	193

续　表

	等效拖曳力系数	1.40
	等效惯性力系数	2.0
波浪荷载	方　向	东北东
	平均水深	175 m
	有效波高和周期	10 m; 16 s
	风　速	42 kn

2) 设计海况

选取 Pierson-Moscowitz（P－M）谱来描述海况，风速为 42 kn，约为 21.6169 m/s，波浪的周期为 16 s，有效波高为 10 m，波浪作用方向沿 X 轴 45°。C_d，C_m 分别取 1.4 和 2.0。本书考虑将随机波浪力等效为作用在桩腿上的节点力，位置见平台的有限元模型（图 6-9）。由于随机波浪的作用方向为沿 X 轴 45°，所以 X，Y 方向的随机波浪力相等。

3) 控制效果数值仿真

本文采用智能控制方法结合半主动控制，使得控制力尽可能地逼近最优智能控制力，以减小海洋平台振动响应，并分析波浪荷载参数、模糊控制参数等对控制效果的影响。

根据磁流变液的主要性能设计了磁流变阻尼器的参数，如表 6-2 所示。图 6-10～图 6-12 为施加了磁流变阻尼器后海洋平台的动力响应图，其中位移响应减小 67%，速度响应减小 85.8%，加速度响应减小 93.9%。图 6-13～图 6-15 为主动控制效果与半主动控制效果的对比，从图中可以看出半主动控制能很好地逼近主动最优控制，取得很好的控制效果。

表 6-2　磁流变阻尼器的设计参数

D/mm	d/mm	h/mm	L/mm	η/(Pa·s)	τ_{ymax}/kPa
100	30	1	100	0.6	50

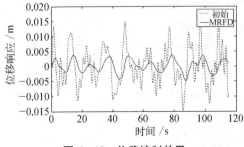

图 6-10　位移控制效果

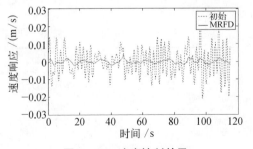

图 6-11　速度控制效果

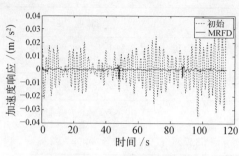

图 6 - 12　加速度控制效果

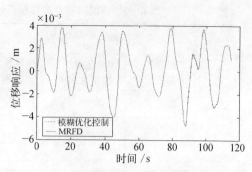

图 6 - 13　主动控制与半主动控制比较(位移)

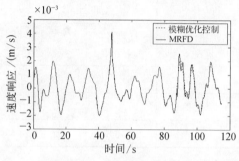

图 6 - 14　主动控制与半主动
控制比较(速度)

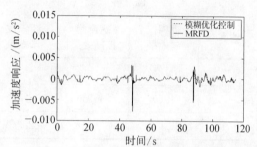

图 6 - 15　主动控制与半主动
控制比较(加速度)

4) 鲁棒性分析

(1) 波浪荷载参数对控制效果的影响。

表 6 - 3～表 6 - 5 中,当波浪载荷变化时,磁流变阻尼器能很好地控制海洋平台的振动响应,而且其控制效果基本也能够很好地逼近最优主动控制效果,即使当结构的阻尼发生变化时(如结构的阻尼由 4% 变到 8%),其控制效果也很好,这表明此磁流变阻尼器可行。

表 6 - 3　波浪荷载参数对控制效果的影响(阻尼为主振型 4%)

波高/m	位　移		速　度		加　速　度	
	模糊控制效果	磁流变控制效果	模糊控制效果	磁流变控制效果	模糊控制效果	磁流变控制效果
2.5	54.9%	51.7%	73.9%	71.2%	83%	79.9%
5	54.9%	50.5%	77.8%	69.7%	88.6%	74.4%
10	67.1%	67%	85.9%	85.8%	94.4%	93.9%

表 6‑4   波浪荷载参数对控制效果的影响(阻尼为主振型 6%)

波高/m	位　移		速　度		加　速　度	
	模糊控制效果	磁流变控制效果	模糊控制效果	磁流变控制效果	模糊控制效果	磁流变控制效果
2.5	63.3%	61.8%	78.9%	77.3%	88%	84.8%
5	62.4%	56.5%	80.8%	66%	89.8%	64.6%
10	66.3%	66.3%	83.8%	83.7%	93.2%	92.8%

表 6‑5   波浪荷载参数对控制效果的影响(阻尼为主振型 8%)

波高/m	位　移		速　度		加　速　度	
	模糊控制效果	磁流变控制效果	模糊控制效果	磁流变控制效果	模糊控制效果	磁流变控制效果
2.5	61.2%	59.8%	76.3%	74.9%	86.1%	83.3%
5	61.6%	54.9%	78.8%	61.9%	87.9%	57.9%
10	65.9%	65.8%	82.3%	82.2%	92.2%	91.8%

(2)模糊控制参数(量化因子和比例因子)对控制效果的影响[5]。

当有效波高 10 m,阻尼为 4%时选用三组量化、比例因子进行计算。由于磁流变阻尼器输出的控制力主要是通过半主动控制算法逼近最优主动控制力,同理,量化因子和比例因子的选取也影响着控制效果,如表 6‑6 所示。图 6‑16和图 6‑17 为第 2 组因子下的控制效果与最优主动控制的比较,从图中可以看出,半主动控制并没很好地逼近主动控制,而第 3 组则能很好地接近主动控制效果,而且总是稳定的,具有很好的鲁棒性。同时仿真表明磁流变阻尼器能很好地控制海洋平台的振动响应,而且其控制效果基本也能够很好地逼近最优主动控制效果。

表 6‑6   模糊控制参数对控制效果的影响

误差论域	误差变化论域	控制力论域	位移控制量		速度控制量		加速度控制量	
			模糊控制效果	磁流变控制效果	模糊控制效果	磁流变控制效果	模糊控制效果	磁流变控制效果
2×10^{-3}	2×10^{-5}	6×10^{4}	19.4%	19%	56.4%	56%	80.1%	79.3%
8×10^{-4}	3×10^{-6}	6×10^{4}	50.7%	49%	74.6%	68%	81.9%	70.3%
6×10^{-4}	4×10^{-6}	9×10^{4}	67.1%	67%	85.9%	85.8%	94.4%	93.9%

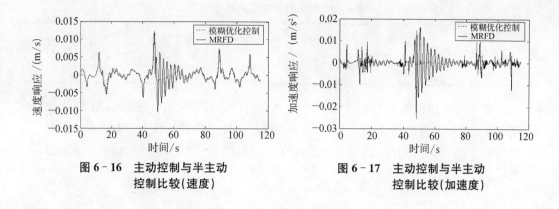

图 6‑16　主动控制与半主动控制比较(速度)

图 6‑17　主动控制与半主动控制比较(加速度)

6.4　单自由度自升式海洋平台振动控制实例仿真分析

1) 平台概况

以 3.4 节所选择的墨西哥湾某深水自升式海洋平台为原型,进行数值仿真。由模态分析可知,该平台的第一阶模态的模态频率为 0.242 Hz,模态质量为 7 826.3 t,模态刚度为 18 094.5 kN/m,模态贡献度为 89.8%,因此,将平台按照第一阶模态简化为单自由度系统,阻尼比取 0.04。

2) 设计海况

由于篇幅所限,本章仅针对 3.4 节中平台振动更为剧烈的工况 1 描述的海况研究该控制方法的控制效果,即海浪谱为 JONSWAP 谱,有义波高为 10 m,波周期为 8 s。

3) 控制效果数值仿真

根据 5.4 节的内容,本章采用剪切阀式磁流变阻尼器结合神经网络控制方法进行分析,其结构如图 6‑18 所示,根据结构控制的需要设计剪切阀式磁流变阻尼器的具体参数如表 6‑7 所示。

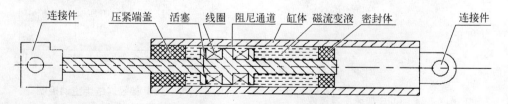

图 6‑18　磁流变阻尼器结构图

表 6 - 7　磁流变阻尼器结构参数

D/mm	d/mm	h/mm	L/mm	$\eta/(\text{Pa} \cdot \text{s})$	τ_{ymax}/kPa
200	50	1.5	200	1	50

　　将上述随机波浪力作用于海洋平台单自由度系统,并分别利用 LQR 最优控制方法和 B - P 神经网络磁流变半主动控制方法对结构进行控制,得到两种不同的控制方法对系统的位移、速度和加速度响应的控制效果如图 6 - 19～图 6 - 24 所示。

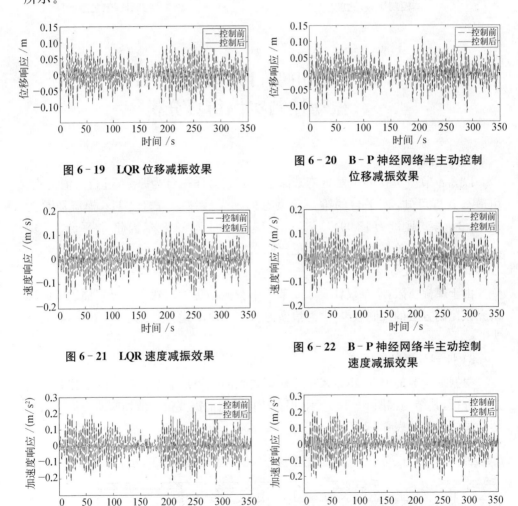

图 6 - 19　LQR 位移减振效果

图 6 - 20　B - P 神经网络半主动控制位移减振效果

图 6 - 21　LQR 速度减振效果

图 6 - 22　B - P 神经网络半主动控制速度减振效果

图 6 - 23　LQR 加速度减振效果

图 6 - 24　B - P 神经网络半主动控制加速度减振效果

　　表 6 - 8 以控制前后系统的位移、速度和加速度响应均方差的减小幅度为标准

来表示控制方法的控制效果。图6-19~图6-24及表6-8的计算结果表明,B-P神经网络磁流变半主动控制方法能够很好地控制自升式平台的结构振动,减振幅度达到60%以上,并且接近LQR最优控制的控制效果。

表6-8　减振效果对比

		经典LQR最优控制			B-P神经网络半主动控制		
		控制前	控制后	减　幅	控制前	控制后	减　幅
均方差	位移/m	0.049 9	0.010 9	78.1%	0.049 9	0.018 0	63.9%
	速度/(m/s)	0.066 1	0.010 1	84.7%	0.066 1	0.020 2	69.4%
	加速度/(m/s²)	0.094 8	0.010 5	88.9%	0.094 8	0.027 2	71.3%

4) 鲁棒性分析

为了研究本方法对不同环境荷载的有效性,通过变化不同的波高和周期参数、利用B-P神经网络半主动控制方法对在随机波浪力作用下的单自由度振动系统进行振动控制,减振效果如表6-9所示。由表6-9可知,当平台在不同程度的随机波浪力作用下时,B-P神经网络半主动控制方法都能有效地控制平台的振动,振动的抑制程度均能达到50%以上,对于相对较弱的随机波浪控制效果甚至可达70%以上。表6-9中当波浪变大时减振效果变差的主要原因是因为波浪力过大,平台需要的最优控制力超出了半主动控制所能提供的最大控制力。

表6-9　不同波浪参数对应的减振幅值

有义波高 H_s/m		11	10	10	9	9	8	8	7
波周期 T/s		9	9	8	8	7	7	6	6
减振幅度/(%)	位　移	55.6%	58.0%	63.9%	63.0%	70.4%	69.5%	75.5%	74.5%
	速　度	63.5%	66.4%	69.4%	70.1%	76.6%	75.1%	79.2%	78.0%
	加速度	66.1%	69.2%	71.3%	72.3%	78.3%	77.8%	80.4%	79.6%

实际平台结构在使用过程中,由于建造误差、工况改变、平台结构的某些参数具有一定不确定性(如有无起吊作业等)等原因,平台的质量以及其他结构参数会发生变化。为了研究B-P神经网络半主动控制方法对不同结构参数的鲁棒性,给出了平台结构质量发生变化时的振动控制效果,如表6-10所示。表6-10计算结果表明,当平台质量从6 096 t变化到11 322 t时,位移的减小幅度均保持在58%以上,速度的减小幅度保持在64%以上,加速度的减小幅度保持在66%以上。

表 6-10   不同平台结构参数的减振幅值

质量/t		6 096	7 127	7 826	8 709	9 580	10 451	11 322
减振幅度/(%)	位移	66.1	65.1	63.9	62.4	61.2	59.7	58.2
	速度	71.1	70.3	69.4	68.8	68.2	66.2	64.4
	加速度	72.9	72.0	71.3	70.8	70.4	68.3	66.8

6.5   多自由度导管架平台振动控制实例仿真分析

1) 平台概况

采用 3.3 节所述典型导管架海洋平台为例,进行数值模拟。导管架海洋平台总质量为 15 570 000 kg,上层建筑简化为 6 个集中载荷作用在顶层,水深 125 m,等效高度为 160 m,桩腿从上到下直径逐渐增大,水面处桩腿直径为 1.6 m,海底处桩腿直径为 3 m。

磁流变阻尼器安装位置为第一、四层(自上而下)对角主桩腿上,如图 6-25 所示。

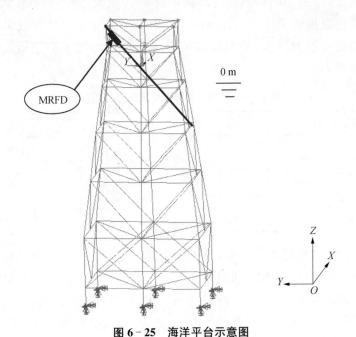

图 6-25   海洋平台示意图

2) 设计海况

根据线形波浪理论进行分析,运用 JONSWAP 谱描述某恶劣海况,有效波高

10 m,周期为 8 s。采用 Morison 方程计算波浪力。

3) 控制效果数值仿真

运用 ANSYS 应用软件建立海洋平台模型,并计算出波浪力加载在海洋平台的 X 方向情况下,海洋平台的运动响应(位移、速度、加速度)以及在 MRFD 作用下的运动响应。此处同样采用剪切阀式 MRFD 进行分析,控制算法中,采用模糊控制方法和简单的 Bang-Bang 磁流变阻尼控制算法来数值模拟磁流变提供的阻尼力。

图 6‑26 为海洋平台顶层上的运动响应,MRFD 半主动控制下,位移响应均方差由 0.056 6 m 减少到 0.032 5 m,减少了 42.53%;平均速度由 0.033 5 m/s 减少到 0.014 2 m/s,减少了 57.67%;平均加速度由 0.076 3 m/s² 减少到 0.031 1 m/s²,减少了 59.20%。

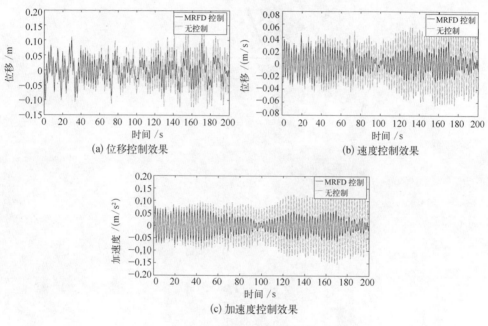

(a) 位移控制效果　　(b) 速度控制效果

(c) 加速度控制效果

图 6‑26　海洋平台振动响应控制效果

这充分表明 MRFD 的半主动控制对海洋平台的位移、速度、加速度动力响应有明显的效果。

6.6　多自由度自升式海洋平台振动控制实例仿真分析

实际自升式平台结构为多自由度系统,上述单自由度控制中无法考虑控制装置的安装位置的影响,同时由于简化分析的影响,控制效果偏大,因此为了验证该控制方法对多自由度平台结构的控制效果,采用多自由度控制尤为重要。

1) 平台概况

以 3.4 节所选择的墨西哥湾某深水自升式海洋平台为例,进行控制效果研究。采用 ANSYS 有限元软件建模,平台结构有限元模型及磁流变阻尼器安装位置如图 6-27 所示,磁流变阻尼器控制参数同表 6-7。

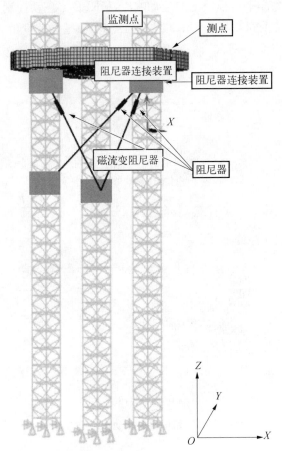

图 6-27 平台有限元模型

2) 设计海况

海况选取有义波高为 10 m,周期为 8 s。采用基于线性化 Morison 方程的谱分析方法计算随机波浪力。

3) 控制效果数值仿真

将随机波浪力等效为桩腿海面处的水平节点力,方向沿 X 轴,对深水自升式平台进行振动控制仿真,得到平台主船体上监测点(图 6-27)的位移、速度和加速度响应的时域结果如图 6-28~图 6-30 所示。

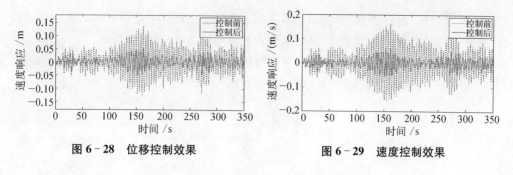

图 6‑28　位移控制效果　　　　　　　　图 6‑29　速度控制效果

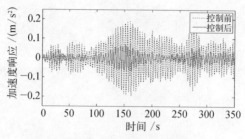

图 6‑30　加速度控制效果

　　仿真结果表明,在 B‑P 神经网络半主动控制下,该深水自升式海洋平台的位移响应均方差从 0.067 7 m 减小为 0.025 m,降低了 63.1%,速度响应均方差从 0.083 4 m/s 减小为 0.030 1 m/s,降低了 63.9%,加速度响应均方差从 0.111 8 m/s² 减少到了 0.038 6 m/s²,减低了 65.5%。上述计算结果表明 B‑P 神经网络半主动控制不论是对于简化为单自由度的结构模型,还是用 ANSYS 建立的多自由度有限元模型,都能达到很好的减振效果。

　　另外,对比单自由度系统和多自由度系统的减振效果发现单自由度系统的减振效果好于多自由度系统,分析其原因为:单自由度系统的结构过于简单,控制力是直接加载在平台结构上的,而多自由度系统中控制力的施加更接近于真实情况,是由两端连接在平台结构上的阻尼器提供的,因此阻尼器会对平台结构有反作用力作用,故会降低其减振效果。

参 考 文 献

[1]　李润培,王志农. 海洋平台强度分析[M]. 上海:上海交通大学出版社,1992.

[2]　罗伯特·E. 兰德尔(Robert E. Randall). 海洋工程基础[M]. 杨樨,包丛喜,译. 上海:上海交通大学出版社,2002.

［3］　李治彬.海洋工程结构［M］.哈尔滨：哈尔滨工程大学出版社,1999.

［4］　严似松.海洋工程导论［M］.上海：上海交通大学出版社,1987.

［5］　万乐坤.海洋平台动力响应分析与磁流变振动控制技术研究［D］.江苏：江苏科技大学船舶与海洋工程学院,2007.

第7章 海洋平台振动控制
模型试验设计原理

7.1 相似基本理论

流体力学中的相似理论,是指导模型试验研究以及预报实体水动力性能的基本理论。模型和实体的两个系统应该满足以下三个相似条件[1],即:

(1) 几何相似。模型和实体虽然大小不同,但其形状完全相似。

(2) 运动相似。模型和实体在流体运动时,其对应点处在任意瞬间的同类物理量如流体的速度、加速度等都有相同的比例。

(3) 动力相似。流体作用于模型和实体上的各种力相互成比例。这些力包括重力、惯性力、黏性力和表面张力等。

实践证明,要完全满足所有性质的力学相似(称为完全相似)是不可能的。通常都是根据具体研究对象,选择合适的相似判据(也称为相似准则),以满足起支配地位的力的相似,这在相似理论称为部分相似。

7.1.1 几何相似

实体和模型满足几何相似的条件是两者的所有各项相应的线性尺度之比为常数。设 L_s, B_s, d_s 及 L_m, B_m, d_m 分别表示实体和模型的长度、宽度及吃水,则

$$\frac{L_s}{L_m} = \frac{B_s}{B_m} = \frac{d_s}{d_m} = \lambda \tag{7-1}$$

式中: λ ——缩尺比。

实体和模型相应的面积 A_s 与 A_m 之比为

$$\frac{A_s}{A_m} = \lambda^2 \tag{7-2}$$

实体和模型相应的体积 ∇_s 与 ∇_m 之比为

$$\frac{\nabla_s}{\nabla_m} = \lambda^3 \tag{7-3}$$

船舶与海洋工程结构物的模型复杂多样,所涉及的尺度参数成百上千。为保证模型与实体严格符合几何相似条件,就需要在模型的制作与模拟过程中,完全按照统一的模型缩尺比,对所有这些尺寸参数以及外形设计尺寸等进行换算。以船舶为例,不但船舶的主要设计参数如长度、宽度、型深、吃水、重心坐标等需要按比例换算和模拟,而且船舶的型线和型值表、上层建筑设计尺寸、总布置等也都需要比例换算和模拟。如,以半潜式平台为例,其各种设计参数如下浮体长度、宽度、高度、导角半径、首尾端形状、立柱长度、宽度、高度、导角半径,主甲板长度、宽度、高度以及下浮体、立柱和甲板相对位置参数等,都需要严格按比例换算和模拟。

模型在海洋工程水池试验时,其水深 h_m,波高 H_m 和波长 λ_m 与实体在海上的实际水深 h_s、波高 H_s 和波长 λ_s 也须满足几何相似条件,即

$$\frac{h_s}{h_m} = \frac{H_s}{H_m} = \frac{\lambda_s}{\lambda_m} = \lambda$$

简而言之,凡是模型试验中涉及线性尺寸参数的,都须满足几何相似条件,实体与模型之间以线性缩尺比进行换算和模拟。

在模拟试验研究中,一般只能做到模型和实体的几何相似,对于外部的边界有时候无法做到几何相似。例如,海洋平台一般在无限宽广的海域中定位作业,但在模型试验时却要受到水池长度和宽度的限制。因此,为避免水池池壁的影响,模型的大小常受到水池尺度的限制。

7.1.2　运动相似

海洋工程模型的水动力试验主要是研究它在风、浪、流作用下的运动和受力,重力和惯性力是决定其受力的主要因素。因此,模型试验应满足弗劳德相似定律,即模型和实体的弗劳德数(Fr)相等,以保证模型和实体之间重力和惯性力的正确相似关系。此外,物体在波浪上的运动和受力带有周期变化的性质,模型和实体还必须保持斯特劳哈尔数(Sr)相等。因此,

$$\frac{V_m}{\sqrt{gL_m}} = \frac{V_s}{\sqrt{gL_s}}$$

$$\frac{V_m T_m}{L_m} = \frac{V_s T_s}{L_s}$$

式中:V,L,T——分别为特征速度、特征线尺度和周期(或时间);下标 m 及 s 分别表示模型和实体。

模型试验通常都是在水池的淡水中进行,而实体则在海水中作业,因此对海洋工程模型试验的结果需要进行水的密度修正。设海水与淡水密度之比为 ρ,一般取 $\rho = 1.025$。

考虑到上述相似准则以及水密度的修正,模型与实体各种物理量之间的转换关系如表 7 - 1 所示。

表 7 - 1　模型与实体各种物理量之间的转换关系

项　目	符　号	转 换 系 数	项　目	符　号	转 换 系 数
线尺度	$\dfrac{L_s}{L_m}$	λ	周期	$\dfrac{T_s}{T_m}$	$\lambda^{1/2}$
面积	$\dfrac{A_s}{A_m}$	λ^2	频率	$\dfrac{f_s}{f_m}$	$\lambda^{-1/2}$
体积	$\dfrac{\nabla_s}{\nabla_m}$	λ^3	水的密度	$\dfrac{\rho_s}{\rho_m}$	γ
线速度	$\dfrac{V_s}{V_m}$	$\lambda^{1/2}$	质量(排水量)	$\dfrac{\Delta_s}{\Delta_m}$	$\gamma\lambda^3$
线加速度	$\dfrac{a_s}{a_m}$	1	力	$\dfrac{F_s}{F_m}$	$\gamma\lambda^3$
角度	$\dfrac{\phi_s}{\phi_m}$	1	力矩	$\dfrac{M_s}{M_m}$	$\gamma\lambda^4$
角速度	$\dfrac{\varphi_s}{\varphi_m}$	$\lambda^{-1/2}$	惯性力	$\dfrac{I_s}{I_m}$	$\gamma\lambda^5$

注:其他物理量之间的转换关系,可以用质量、长度及时间的基本变量求得。

除表 7 - 1 所列的各种物理量之外,模型试验中还会应用到其他 些物理量,如刚度、单位长度重量、弹性系数、恢复力系数、阻尼系数、风力系数、流力系数、功率谱密度等,其转换系数都可以应用重量、长度及时间等基本变量的转换关系计算得到。

7.1.3　动力相似

弗劳德相似保证了模型与实体之间的重力和惯性力的正确关系,但在模型水动力试验的某些方面,要求正确模拟黏性力的相似。例如船舶和 FPSO 的黏性横摇阻尼力矩和低频慢漂阻尼力、立管与系泊缆等所遭受的黏性作用力等。雷诺相似准则可以保证模型和实物之间的黏性力与惯性力的正确关系,这就要求模型和实体的雷诺数 $\left(Re = \dfrac{VL}{\upsilon} \right)$ 相等,其中,υ 为水的运动黏度。

众所周知,在船舶和海洋工程领域的水动力试验中,不可能做到模型和实体两者的雷诺数相等。一般情况下,模型的雷诺数较实物的雷诺数要小两个量级 (10^2)。

因此,模型试验中所产生的黏性力系数、浮体的雷诺数较横摇阻尼和低频慢漂阻尼、系泊缆的黏性阻尼等都大于实体所对应的值。也就是说,模型所经受的极值运动和受力按比例都将小于实体的情况,用模型试验的结果直接预报实体的情况将偏小,给实际应用带来了一定的风险。

有关雷诺相似准则的研究已有近百年的历史,而且还在继续研究,目前都是针对具体情况采取适当措施弥补。例如在模型表面增加粗糙度或激流装置以保持模型界层中的流动状态与实体一致,有些试验则调节模型构件的直径而作为阻力系数误差的修正。有些则进行不同缩尺比几何构件的系列试验,然后用于计算分析时作为误差的修正。现时对雷诺相似的问题还没有一个简单明确的答案。对于海洋平台而言,在许多情况下,最好的办法通常是具体分析尺度作用并进行适当修正,借以保证不致由此而影响到实际系统的安全。

7.2　模型相似性设计与制作

7.2.1　模型缩尺比的选择

正确选定一个合适的模型缩尺比 λ 是海洋平台进行模型水动力性能试验的首要问题,直接影响试验研究结果对原型表征程度以及试验的可操作性,从而直接影响试验研究任务能否达到预期的试验目标。在进行模型缩尺比的确定时首先要获得以下资料:

(1) 海洋平台主体的图纸及相关尺寸、重量、重心位置和惯量等重要参数。

(2) 平台实体在海上配置的系泊系统和立管系统等的布置、几何尺寸及力学特性。

(3) 海洋环境条件。

(4) 试验的项目和内容、要求测量各种变量等。

目前国际海洋工程界一般公认的最佳模型缩尺比范围为 60～80。然而,在实际选择模型的缩尺比时,应综合考虑试验任务书中规定的各项要求和海洋工程水池本身的功能以及试验目标进行综合考虑。通常在确定模型缩尺比时需要考虑以下问题:

(1) 模型的大小。

模型大小是考虑模型缩尺比的首要因素。模型过小会造成尺度效应问题突出、模型制作和模型的相对精度降低以及试验数据的相对误差增大;模型过大则会受到水池池壁效应的影响,造成水池中过量的波浪反射而干扰正常试验结果。

(2) 水池模拟海洋环境的能力。

　　水池的试验能力是选择模型缩尺比的重要参考因素。根据预期要进行的波浪、风、流的试验原型工况以及水池能够模拟出的最大波浪参数、流速、风速等,估算出最大的缩尺比,实际在选择缩尺比时要在此范围之内。此外对于没有假底的波浪水池,如果选择试验水池的水深与实际模拟海况水深之比为缩尺比对于进行试验是比较方便的。

　　根据海洋平台实际的工作水深以及水池能够调节的最大水深,从水深的模拟要求可以得到模型缩尺比的上限。根据海洋平台实体在海上系泊系统的布置以及水池的长度和宽度,因而从水池主尺度的角度可以初步确定模型缩尺比的上限。

　　水池中配置的造风、造流系统的功能都有一定的极限,即能够产生稳定的最大风速和流速。对照试验任务书中实际要求的最高风速和流速,注意到实体与模型速度之间的比值是缩尺比的开方,即可以从水池造风、造流系统的功能初步确定模型缩尺比的上限。海洋工程水池的造风能力一般都能满足模型试验的要求,而造流系统的能力有时会成为缩尺比的重要限制因素。

　　水池中配置的造波机功能是指能够产生的最大波高和能够造波的波长范围。各种类型造波机的功能都有上下限,即能够产生最长的波(长周期、低频波)和最短的波(短周期、高频波)。按照试验任务中实际要求的最高波浪,对照水池造波机能够产生的最大波高,从两者之间的比值即可初步确定模型缩尺比的上限。另一方面,造波机高频造波的能力,又确定了缩尺比的下限。因为浮式海洋平台的模型试验主要是在不规则波中进行的,而表征不规则波性质的是波谱,它覆盖了相当宽广的波频范围。造波机的机械和控制属性往往限制了高频造波性能,因此试验中模拟不规则波谱时总是要做一定程度的高频截断,缩尺比越大,截断造成的试验误差就越大。因此,在选择缩尺比时应对任务书中规定的不规则波波谱和水池造波机的功能进行对比分析,注意到实体的波浪频率与模型的波浪频率之间有缩尺比开放倒数的关系,即可选取恰当的模型缩尺比,以便保证在水池中能够模拟合乎要求的不规则波浪。

　　(3) 模型材料的选择。

　　在确定模型的缩尺比后,首先按几何相似进行平台模型的设计。根据平台缩尺比,确定平台模型的材料,通常在进行水池模型试验时,制作材料一般采用有机玻璃、泡沫塑料、PVC 塑料板材和管材、木质板材、纤维玻璃钢、铝合金、轻型薄铁管等。具体根据平台类型进行选择。

　　(4) 研究的科学问题。

　　所研究科学问题对缩尺比的选择也有较大的影响。如果进行类似平台动力响应试验等平台整体运动性能试验时,缩尺比可以选择相对较小。如果所研究问题属于对平台结构局部现象进行研究时,如波浪拍击、甲板上浪等,缩尺比尽可能选择大些。

在综合考虑上述各项要求后,一般便可选定合理的模型缩尺比。但在模型缩尺比的选择影响因素较多情况下,在实际模型设计时,这些影响因素往往无法同时考虑,因此一般根据试验的目标,分析获得最重要的影响因素或制约条件,在模型设计时予以保证即可。

同时,海洋工程水池的尺度是有限的,而工作水深越来越大的海洋平台系统所要求的水池尺度却越来越大,甚至超出了当今世界现有水池的尺度范围,如果按照上述缩尺比范围的规定,在水池尺度上将无法满足深海平台系统模型试验的要求,因此必须探索采用特殊的模型试验方法,如研究系泊系统时采用的等效截断水深试验技术等。

7.2.2　海洋平台模型相似设计方法

1) 几何相似设计

对于固定式海洋平台,按几何相似进行设计,在进行几何相似设计时,主要满足外形、桩腿的直径等相似,管的厚度可根据实际型材尺寸进行合理选择,并绘制设计图纸。对于浮式海洋平台结构按缩尺比保证型线相似。

2) 频率相似设计

在进行水动力试验或振动控制试验时,完全满足相似性条件是不可能的。振动控制试验的目的主要是研究控制装置或系统对于平台振动响应的控制幅度。因此保证平台的动力响应特性的相似性尤为重要。而在动力响应相似性方面一方面保证激励荷载的相似性,另一方面需要保证平台的频率相似。同时平台的频响特性直接影响控制系统的控制效果。

具体设计步骤为:① 在确定平台结构设计基础上,估算平台模型重量;② 根据实际平台重量按相似性比例计算平台模型应该满足的重量,估算平台配重;③ 在此基础上建立平台模型的有限元计算模型,计算平台的一阶频率;④ 通过调节加在甲板上的配重,使得平台的一阶频率满足相似关系。

对于浮式海洋平台,根据平台的整个重量按相似性比例计算平台的配重,并调节平台的重量、中心位置满足设计要求。

7.2.3　控制系统的相似性设计

控制系统主要是通过对平台施加控制力来实现对平台振动进行控制的,因此在进行控制系统设计时主要考虑控制力幅值是否满足力的相似性准则。控制装置的设计要满足控制力的相似性,从而较好地反映出施加控制力、控制效果与原型的对应关系。对于控制装置的选择除了保证质量要远小于平台质量外,其他平台的控制装置属于相同类型即可。实际进行控制系统设计时,需要根据平台模型在水池中的动力响应数值仿真结果进行控制系统的设计。同时传感器的布置方案要与原型相同。

7.2.4　模型制作[2]

1) 海洋平台主体模型的制作

对于主体与船舶形状相同的海洋平台,例如 FPSO 以及穿梭油轮等,模型制作采用通常船模的制作方法。首先根据实体的总长、垂线间长、型宽、型深、吃水等按缩尺比得出模型的相应数据,其次根据实体的型线图和型值表按缩尺比绘制模型的型线图供船模制造车间加工使用。这类模型通常都是用木质板材黏叠成毛坯,待黏固后在专用的船模切削机床上按型线图依照水线自船底至甲板分层仿形切削,切削完毕后用手工去除多余部分并砂光,最后喷涂二至三道油漆,便制成了与实物几何相似的主体模型。在制作主体模型时,必须注意的事项是:

(1) 模型的舷侧形状如舷墙等要与实物一致。

(2) 模型在试验过程中不能变形,要有足够的强度,通常船模两侧的厚度在 4 cm以上。

(3) 模型在水池中试验时不能漏水,各层木板之间黏合要牢固水密。

对于导管架平台、张力腿平台以及其他类型的浮式海洋平台,如半潜式平台、张力腿平台及单柱式平台等,甲板以下的形状比较复杂多样。例如半潜式平台由上层模块、立柱以及没入水中的简易船形浮箱等组成,立柱之间还有管形桁架支撑。因而在制作这类平台时,首先根据实体的设计图纸按缩尺比绘制模型加工总图,各分件的外形、尺度等常需绘制分图。制作材料一般采用有机玻璃、泡沫塑料、PVC 塑料板材和管材、木质板材、纤维玻璃钢、铝合金、轻型薄铁管等。模型加工的原则是:各分件都要严格按几何相似的要求制作,各分件加工完毕后,按模型总图标明的位置和尺寸进行拼装。固接的方法是采用强力粘胶剂(木质和塑料管体之间)、焊接(钢铁金属件之间)或用埋头螺钉等与平台本体连接。各连接点处要求光滑平整、水密、具有足够的连接强度,以免在水池中试验时发生变形或漏水等现象。拼装固接成形后,最后喷涂油漆,制成与实物几何相似的主体模型。

模型加工是一项比较精细的技艺,对于制作的精度有一定的要求。对于像 FPSO 那样的船模,国际船模试验池会议(ITTC)规定:一艘长度 5 m 左右的模型,总长的误差不能超过 3 mm,吃水的误差不能超过 1 mm。其他类型海洋平台的加工精度可参照执行,但吃水的误差不能超过 1 mm。

模型主体的加工,既要在外形上保持与实体几何相似,在总体上满足加工精度的规定,又要具有足够的强度和水密。另外,特别需要注意对模型本身重量的控制,这是因为模型重量、重心位置以及惯量的模拟,是靠移动、调节模型内的压载重量来实现的。如果模型本身的重量过大,则没有调节的余地,不得不为减轻模型的自重而返工。一般说来,模型本身的重量,最好控制在试验排水量的 2/3 左右,以便有 1/3 的压载重量用于调节各种技术参数。

2) 上层建筑模型的制作

海洋平台甲板以上的上层建筑模型,通常有两种处理方式,当上层建筑的整体受风面积较小、可以忽略时,主要考虑重量等效的方式进行简化。将上层建筑以及平台甲板上的机械设备的重量进行合并计算,通过相似比换算成模型上的配重,通过施加配重块进行模拟。

第二种是根据实体的总布置图按照相同的模型缩尺比制作。在实体的总布置图上,通常都给出了上层建筑各部分的形状、尺寸及在甲板上的位置。对于大尺度的上层建筑部分,如居住工作舱室的外形、直升机起降平台、废弃燃烧塔、油水分离及污水处理的圆柱筒体等,一律按几何相似要求进行加工,采用的材料有木材、塑料板材、塑料圆管、硬质泡沫塑料厚板等。采用的材料以便于加工制作为原则。对于甲板上的小型物件,如通风筒、带缆桩、导缆柱、防护栏杆等,因尺度太小,很难按几何相似要求制作,可进行适当简化,用受风总面积大体相当的方形物体替代,或干脆不予考虑。由于甲板上的小型物件受到的风力所占比重很小,作上述简化处理不会影响试验结果的精度。

上层建筑各部分的模型加工完毕后,根据实体的总布置图按几何相似要求,布置在模型甲板上的相应位置,并以粘结剂固定在甲板上,便完成了上层建筑模型的制作。为美观醒目起见,海洋平台模型的主体和上层建筑分别以反差较大的不同颜色的两种油漆喷涂。

7.3 平台重量、重心的调节方法

7.3.1 浮式海洋平台

当模型主体的几何相似准则确定后,需要根据浮式海洋平台的实船数据,对模型主体的重量、重心及转动惯量等技术参数进行调节,以保证模型与实船的质量和重心分布相似。这些参数直接影响浮式海洋平台在风、浪、流作用下的运动及受力。

1) 重量的调节

首先将制作完工的空船模型和上层建筑以及需要装在模型上的测量仪器、系泊设备等进行称重,其重量记为 W_0,同时,根据实船的排水量以缩尺比的三次方和水的密度修正计算出相应的模型排水量 Δm。这是模型试验要求的排水量,也是需要满足的船模总重量。$\Delta m - W_0 = W_t$ 是需要配置的压载重量,挑选适量的标准压铁块及零星小重量的铁块,并称重调节,使压铁的总重量达到 W_t。然后将这些压铁全部装入模型内,这样便完成了模型重量的调节。

2) 重心位置的调节

重心位置通常以坐标(x_g, y_g, z_g)来表示。对于浮式海洋平台,其船体形状及设备布置都与中纵剖面相对称,因而可近似认为 $y_g = 0$。因此,重心位置调节,一般是指模型的重心纵向位置 x_g 和垂向位置 z_g 调节至所需位置。FPSO 在静水中平衡时重心与浮心在同一条铅垂线上,即浮心纵向位置 x_b 等于重心纵向位置 x_g,而重心高度 z_g 则大于浮心的高度 z_b,实船的这些数据都是给定的。

模型的重心位置及惯量的调节是在实验室的专用调节架上进行的。调节架上部的中间位置两侧装有水平的刀口,可支撑调节架移动部分和船模的总重量。在进行模型重心位置的调节时,先将船模吊放在调节架上,这时调节架及其中的船模都由刀口支撑,并能绕支撑轴线在纵向自由摆动。如图 7-1 所示。

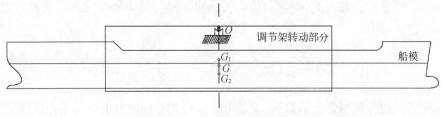

图 7-1　模型及惯量调节架

图中:O 是支撑点;G_1 是调节架的重心,G_2 是模型的重心,G 是两者合成的重心。调节架转动部分的重量 W_1、重心垂向位置为 Z_{G_1}、基准面至刀口转动轴的垂向高度 Z_0 以及绕刀口水平轴的惯性半径都是已知的。至于船模的重心位置 $G_2(X_{G_2},$ $Z_{G_2})$,根据实船的数据可以折算成模型的数据,这是按要求所规定的值。所谓模型重心位置的调节,就是通过移动船模内部压铁的位置进行调试,使船模重心位置(X_{G_2}, Z_{G_2})符合所规定的要求。

模型重心纵向位置 X_{G_2} 可通过水平调试获得。在测试之前,先把模型内部的压铁初步安排成对称布置,根据规定的 X_{G_2} 数值在船模两侧舷边表明重心纵向位置,纵向平移整个船模的位置使 X_{G_2} 的标记与刀口转轴在同一垂直平面内。然后将船模内的压铁进行纵向移动调节,当调节到能使调节架的转动部位和船模处于水平的平衡位置时,即表明模型的重心纵向位置已在规定的 X_{G_2} 处。

模型重心垂向位置 Z_{G_2} 的调节是通过纵向倾斜试验获得的。如图 7-2 所示的倾斜实验原理图,在刀口垂直面内的船模甲板上放置一已知重量的砝码 P,将砝码 P 向后移动距离 d,则船模连同调节架便产生纵倾,设平衡于纵倾角 θ,则对于支点 o 的力矩有:

$$Pd\cos\theta = W_1(Z_0 - Z_{G_1})\sin\theta + \Delta_m(Z_0 - Z_{G_2})\sin\theta$$

$$\text{或 } \tan\theta = \frac{Pd}{W_1(Z_0 - Z_{G_1}) + \Delta_{\mathrm{m}}(Z_0 - Z_{G_2})} \tag{7-4}$$

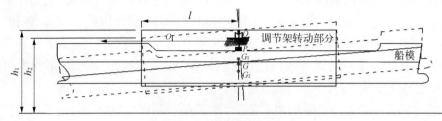

图 7‑2 倾斜试验原理图

为了测得 $\tan\theta$，在离支点 O 的后方 l 处放置一标尺，并在船模舷边装上指针。设船模在水平位置未移动 P 时的指针读数为 h_1，将 P 移动距离 d 后船模平衡于纵倾位置时指针的读数为 h_2，则倾斜值为 $\Delta h = h_1 - h_2$，而 $\tan\theta = \Delta h/l$，由此可得 Δh 与 Z_{G_2} 的关系为：

$$\Delta h = \frac{Pdl}{W_1(Z_0 - Z_{G_1}) + \Delta_{\mathrm{m}}(Z_0 - Z_{G_2})} \tag{7-5}$$

上式右边各项都是已知数值，于是可计算得到目标倾斜值。对重心高度 Z_{G_2} 的调节便是将船模内部的压铁沿垂向上下移动，直到调节至 Δh 达到目标值为止。

3) 惯量的调节

在完成模型重心位置的调节工作后，取下砝码 P，并使模型恢复到水平平衡状态。接着进行模型惯量的调节。以纵向惯性矩的调试为例进行如下说明。

根据分布质量的单摆振荡原理、惯性矩的定义以及平行轴定理，可以得到调节架和模型纵向摆动周期 T 与没吃绕其质心的纵向惯性半径 K_{yy} 的关系如下：

$$T = 2\pi\sqrt{\frac{W_1 I_1^2 + \Delta_{\mathrm{m}}\big[(Z_0 - Z_{G_2})^2 + K_{yy}^2\big]}{g\big[W_1(Z_0 - Z_{G_1}) + \Delta_{\mathrm{m}}(Z_0 - Z_{G_2})\big]}} \tag{7-6}$$

上式右端的各项都是已知数值，其中 K_{yy} 是根据实船数据折算成的模型数据，也是纵向惯性调节需要满足的数值。如果将模型要求的 K_{yy} 值代入式(7‑6)中，即可以算出摆动周期的目标值。因此，纵向惯性的调节便成为船模在同一水平面内前后对称的纵向移动压铁，并让船模和调节架做纵向摆动，用秒表读得周期 T_m，如果 $T_m > T$，则可在船模中对称的纵向向内移动压铁，反之，则向外移动。直到 $T_m = T$ 为止。

船舶对垂直轴的惯性矩（首摇惯量）在数值上与纵摇差别不大，通常认为 $K_{zz} \approx K_{yy}$，因此，对 K_{zz} 不需要单独测量。

船模横向惯性矩的测试原理和测试过程与纵向惯性矩的测试类似。但横向惯性调节架的转动部分与纵向不同,调节架的相关参数也不相同,需要分别调试。在本实验中,由于已经有了实船的横摇周期,并根据该值折算出了的船模的横摇周期 T_{Φ_m},因此,可以将船模吊入水池中,让船模在静水中做自由横向衰减运动,用秒表读得横摇周期 T'_{Φ_m},如果 $T_{\Phi_m} \neq T'_{\Phi_m}$(所要求的值),则在船模中同一水平面内横向对称移动压铁,直至测得的横摇周期满足要求的数值为止。

船模重量、重心位置及惯量的调节对试验结果的正确性极其重要,在调节过程中应该注意以下几点:

(1) 完成船模的重量调节后,在船模内不得增减压铁。

(2) 完成重心位置的调节后,在船模内不得随意移动压铁的位置。在调节纵向惯性矩时,只能在转动轴前后水平纵向对称地移动相同重量的压铁,在调节横向惯性矩时只能在中纵剖面左右对称地水平横向移动压铁。总之,不能因调节惯量移动压铁而影响调试好的重心位置。

在所有调试工作结束后,应将船模内的压铁编号,画好压铁的布置图。同时,将所有压铁牢固固定,以免在实验过程中船模内的压铁发生移动、倾斜或碰撞等现象。

7.3.2　固定式海洋平台

对于固定式平台,由于平台的主要重量均集中在甲板上,因此平台的重心位置在甲板上,均需要根据实际平台进行重量的调节,对重心的水平和纵向坐标进行调节。平台重量中心的调节主要依靠布置在平台甲板上的质量块来调节,重量的调节方法参见 7.3.1 节。重心位置一般根据实际平台甲板上的重量分配计算出平台重心位置,之后根据需要放置调节质量块的重量进行布置方案分配。因为一般固定式平台具有较长桩腿,无法采用现有仪器进行现场调节,因此主要根据计算得到与平台一致的中心位置布置方案,并在平台甲板上标注位置布放点,在平台下水固定后,将质量块布放在标注位置,实现重量、重心的调节,此外配重块通过胶粘等方法进行固定,以保证平台在运动过程中避免出现配重块滑动现象。

7.4　水池试验条件

7.4.1　国内外主要海洋工程试验水池条件

海洋平台模型水动力试验研究的主要设施是海洋工程水池,俗称风浪流水池。实际海洋平台是固定于某一特定水深海域进行生产作业,在风、浪、流的联合作用下,浮式平台产生六个自由度的运动。比较完备的海洋工程水池必须能够模拟复杂的海洋环境,即水深、风浪、流等环境参数,而且产生风、浪、流的能力足以模拟海洋平台生存条件的海况。

目前,国际上比较知名的海洋工程水池有挪威 MARINTEK、荷兰 MARIN、美国 OTRC 和巴西 LabOceano。

挪威 MARINTEK 于 20 世纪 80 年代初建成,海洋工程水池长 80 m,宽 50 m,水深 10 m。配有的大面积可升降假底,可使试验水深在 0～10 m 间任意调节。在池宽方向一侧配置双推板造波机,规则波的最大波高为 0.9 m,也可制造长峰波的不规则波。在池长方向的一侧设置了多单元(144 个)单推板蛇形造波机,规则波最大波高 0.4 m,可以制造任意方向的长峰波或短峰波的不规则波。大功率的造流系统在水池中可进行稳定的整体造流,水深 5 m 时的最大流速为 0.2 m/s,水深 7.5 m 时的最大流速为 0.15 m/s。造风系统可产生定常风或不规则风,定常风的风速可达 12 m/s 以上。MARINTEK 能全面模拟各种海洋环境条件,包括风、浪、流及深水等试验条件。MARINTEK 海洋工程水池如图 7-3 所示。

图 7-3 MARINTEK 海洋工程水池

荷兰 MARIN 深水海洋工程水池主体长 45 m,宽 36 m,大面积假底可在 0～10.5 m 之间任意调节试验水深,水池中设有直径为 5 m 的圆形深井,最大工作水深可达 30 m。依靠假底的调节,试验水深可在 0～30 m 之间任意变化。在水深的长度和宽度方向都配置了多单元推板式蛇形造波机,能产生任意方向的长峰波和短峰波的波浪,最大波高为 0.4 m。在水池的另外两侧设置了消波滩和能够主动控制波浪反射的消波装置。造流系统在水池主体的高度方向设有 6 层造流装置,可分层造流,调节各分层造流装置即可得到所要求的流速沿水深的分布。最大造流速度为 0.5 m/s(水面处)和 0.1 m/s(池底)。造风系统是在 24 m 宽的构架上布置轴流风机组所组成。可产生定常风或由风谱规定的非定常风场,最大风速 12 m/s。构架可移动,能使风的方向和浪向成任意夹角。

美国 OTRC 水池除了水池主体外,同样有一深井。水池主体长 45.7 m、宽 30.5 m,最大工作水深 5.7 m。水池中央设置的方形深水井长 9.1 m、宽 30.5 m、最大工作水深 16.8 m。在池宽方向配置了多单元(48 个)单推板蛇形造波机,可制造规则波和长峰波的不规则波,最大波高为 0.9 m。造流采用复合的可移动式局部造流系统,可在模型试验范围形成稳定的局部流场,最大流速 0.6 m/s。该系统可沿任何方向置于不同水深处,因此可以与波浪成任意方向的水流。造风是由 16 个风扇组成的可移动式局部造风系统,最大风速为 12 m/s。该造风系统可沿任意方向安置,能使风的方向和浪向成任意夹角。

巴西 LabOceano 深水海洋工程水池位于里约联邦大学,于 2003 年建成。水池主体长 40 m、宽 30 m、水深 15 m,水池中央设置了直径为 5 m 的深井。水池主体和深井部分分别配置假底,可在 2.4~14.85 m 范围内任意调节水池主体试验水深,在 15~24.65 m 范围内任意调节深井的试验水深。在水池的宽度方向配置了 75 个单元的推板式蛇形造波机,能产生的最大规则波高为 0.52 m,最大不规则波有义波高 0.3 m。整体造流系统在水池主体高度方向设置有六层造流装置,调节各分层的造流装置可得到所要求的流速随水深的分布,最大表面流速 0.25 m/s,最大底层流速 0.1 m/s。造风为 16 个风扇组成的可移动式系统,能产生定常风和非定常风,最大风速为 12 m/s。

我国的海洋工程模型试验研究起步较晚,目前,具有完备的设施能全面模拟各种海洋环境条件的试验水池主要有上海交通大学的海洋工程国家重点试验室。

上海交通大学的海洋工程国家重点试验室的海洋工程水池长 50 m、宽 40 m、深 10 m,水池中央设置了直径为 5 m,最大工作水深为 40 m 的深井。水池中具有大面积(50 m×40 m)可升降假底,在 0~10 m 范围内任意调节试验水深,深井假底可使深井工作水深在 0~40 m 间调节。沿水池的长宽方向安装有两组垂直布置的多单元造波机,可制造规则波和不规则波中的长峰波和短峰波,不规则波的最大有义波高可达 0.3 m。在两组造波机的对岸设置有消波滩,用以吸收波能而防止波浪反射。水池中有外循环造流系统,可在整个水池中产生所需要的剖面流,造流深度 0~10 m,水池整体最大均匀流速 0.1 m/s。

7.4.2　海洋工程水池各类仪器

海洋平台在水池中进行试验时需要测量的内容很多,诸如风速、流速、浪高、平台模型六个自由度的运动,平台指定位置处的加速度、甲板上浪以及受到的冲击力、如果是浮式平台,还有各根锚链线的受力等。对于有多个浮体系泊组成的系统,还要求测量多个浮体之间的相对运动,系泊缆的受力以及靠泊力等。由于实验室一般都备有量程大小不同的各类测量仪器,仪器的测量功能通常不是选择模型缩尺比的决定因素,但也应予以考虑。一方面注意到是否有某一仪器的量程上限不能满足测量要求,关键在于选用量程合适的仪器,以保证模型试验中能够正确测得各项数据。在海洋工程模型试验中,需要用到的试验仪器及其功能如表 7－2 所示。

表 7－2　用于海洋工程模型试验中的仪器

仪 器 名 称	功　　　　　能
风速仪	测量试验环境中的风速
流速仪	测量试验环境中的水流速度和方向
浪高仪	测试波浪的波形、波幅以及传播与海洋结构物的波浪拍击和上浪
非接触式光学六自由度测量系统	测量船舶与浮式海洋平台模型的六自由度运动
拉力传感器	测量系泊缆索或立管模型的顶端张力
压力传感器	测量作用在模型上的靠泊力、波浪抨击力
拉压传感器	测量支撑或连接杆件所受的轴向拉力和压力
多分力传感器(三分力、四分力、五分力、六分力等)	测量不同方向的力和力矩
加速度传感器	测量船舶或海洋平台模型的运动加速度
摄像机(包括水上摄像机和水下摄像机)	水上摄像机拍摄模型在试验中的动力行为;水下摄像机拍摄立管系统和系泊缆索模型在试验中的运动行为

7.5　风、浪、流试验工况设计原则

首先根据试验目的以及实际平台所受环境荷载特点确定模拟海洋环境的类型,同时考虑试验的方便性,也可以对主要环境进行模拟,忽略次要影响因素。如,迎风面积不大的海洋平台可以忽略风的作用,当流速不大时以及导管架平台、自升式平台、FPSO 等浮式平台可以忽略流的作用,当主要研究立管、系泊运动时流、浪是主要考虑的因素。

7.5.1　风的模拟

海洋工程水池中风的模拟是由专门的造风系统来实现的。造风系统包括交流电动机、轴流风机组、测量风速的仪器以及计算机数据采集系统和计算机控制系统等。通常造风系统大多是可移动式,便于产生不同方向的风速,而且普遍采用局部造风,但其造风的稳定区域必须足以覆盖海洋平台模型试验的运动范围。

　　轴流风机组在交流电机的驱动下旋转并产生风速。采用变压器调节电压可以控制电机和风机转速，形成不同的风速。也可由先进的数字变频仪控制输入驱动电机的电压，从而改变转速，形成不同的风速。

　　1) 定常风的模拟

　　许多浮式海洋平台模型试验研究仅要求模拟定常风。所谓定常风是指风速恒定不变的风，试验任务书中规定了实体的平均风速（一般包括生存状态和作业状态时的风速）和若干风向。国际上规定的平均风速一般是指海平面上方 10 m 高度处的风速，因此实验室应将风速仪按照缩尺比放置于水面上对应于实体 10 m 高处测量模拟的风速。

　　模型试验中需要模拟的风速 V_m 可以从规定的实体平均风速 V_s 按下式求得：

$$V_m = \frac{V_s}{\sqrt{\lambda}} \tag{7-7}$$

式中：λ ——模型的缩尺比。

　　至于风向的模拟，可将移动式风机组在水池中置于规定的不同方向进行。

　　定常风速的模拟相对比较简单，一般可手动调节变频仪的频率，控制驱动电机输出电压和电机及轴流风机组的转速，使产生的模拟平均风速达到要求即可。使用的风速仪也比较简单，一般用叶轮风速仪（风杯）直接测得平均风速。

　　风场测量（造风的稳定范围）是模拟风速的重要内容，主要是检验稳定的造风区域是否足以覆盖试验中模型的运动区域。测试内容包括沿着风向（长度范围）和垂直风向（横向宽度范围）的若干空间点处所测试的平均风速，并与所要求的平均风速（称为目标值）进行比较，在测试区域内两者的误差应小于 10%。

　　2) 非定常风的模拟

　　有些重大的海洋工程项目，在模型实验研究中要求模拟非定常风。所谓非定常（或称不规则）风是指风速时刻变化的随机风。试验任务书中规定了采用的风谱（API 风谱或 NPD 风谱）平均风速及风向。

　　非定常风的模拟比较复杂，需要用计算机进行自动控制，测量风速需要用高灵敏度的热线风速仪，以便测得瞬时风速进入计算机采集和分析系统。

　　上海交通大学海洋工程国家重点实验室编制了常用风谱的计算机控制程序以及计算机自动采集，数据处理，谱分析的专用程序。在模拟所要求的非定常风时，输入给定的风谱，平均风速控制参数和脉动控制参数，控制程序自动生成实时序列信号，此电压信号再控制电机和风机的转速，最后便产生了实时不规则变化的风速。高灵敏度的风速仪将测得的数据经 AD 转换和计算机采集，并采用 FFT 数据处理和谱分析后，即可得到模拟的平均风速和风谱。如果模拟的平均风速与规定的数值（目标值）差异较大，则应调整计算机控制输入的平均风速控制参数。如果模拟的风谱与给定的风谱(目标谱)差异较大,则应调整计算机控制程序输入的脉动控制参数。

经过多次调整控制参数,重新造风,数据采集、分析、直至满意为止。因此不规则风的模拟一般都经过几次调整后才能获得满意的结果。

7.5.2 流的模拟

在模拟流和浪之前,应先调节好水池中的试验水深,这也是海洋环境条件模拟中的一个重要方面。根据海洋平台实体的工作水深按缩尺比算出试验水深,调节水池中假定高度,当测得的水深达到要求便完成了试验水深的模拟。海洋工程水池中流的模拟是由专门的造流系统来实现的。造流原理比较简单,用高压水泵将水吸入管中并均匀喷射,使水池中的水按一定方向流动,即形成流的模拟。但要形成均匀、稳定的流场,需采取整流和循环等措施。

在许多实验研究中,常采取整体造流和局部造流相结合的方法,以满足流场模拟的需要。高压喷水整体造流系统采取内循环方式;大功率水泵通过管路吸取水池中的水,经水泵加压后从安装在池壁另一端下部三排管子的喷嘴中喷出高压水流,由于每排管子在沿池宽方向均匀布置了许多喷嘴,因而喷射出的水流以及带动周围的水流比较均匀,再经过绕假底循环,从而在假底上部形成了均匀稳定的水流。流速的调节由控制水泵电机的转速来实现。整体造流系统的优点是模拟的水流比较均匀稳定,其局限性是:

(1) 造流能力有限,能够产生的最大流速一般在 $0.2\,\text{m/s}$ 左右。

(2) 只能生成均匀流,不能模拟流速随水深按一定规律分布的流场。

(3) 难以任意调节流向和浪向之间的夹角。

局部造流系统是通过控制潜水泵电机的转速来调节水流速度,在水池中的局部范围产生一定的流向和流速的水流。局部造流系统的优点是:

(1) 具有产生较高流速的能力,最大流速可达 $0.5\,\text{m/s}$。

(2) 布置比较灵活,能够任意调节流向和浪向之间的夹角。

(3) 采用多层局部造流的喷管进行分层控制,可以模拟流速随水深按一定规律分布的流场。

其不足之处是:

(1) 产生的水流速度均匀性和稳定性较差。

(2) 受到区域的限制,往往需要进行测试调整。

在模型试验中要求模拟的流场有:

(1) 均匀流,规定表层流速和流向。

(2) 分层流,规定流速及随水深而变的流速分布和流向。

要求模拟的流向通常以与浪向的夹角来表示。整体造流系统的流向与浪向的

夹角范围可在 $0° \sim 90°$ 范围内调节,局部造流的流向则可任意调节。至于要求模拟的流速 V_{cm},可从规定的实体平均流速 V_{cs} 按下式求得:

$$V_{cm} = \frac{V_{cs}}{\sqrt{\lambda}} \tag{7-8}$$

在流速测量方面,如果只要求平均流速,则一般采用叶轮式流速仪读取平均数值即可。如需考察流速的稳定程度和要求实时测量数据,则需要采用高灵敏度的流速仪(如多普勒流速仪)进行测量,通过 AD 转换可得到流速随时间的变化规律和某一指定时刻的瞬时流速。

对于均匀流的模拟,一般只需要测量模型试验区域某一指定位置处的平均流速。如果测得的平均流速大于(或小于)要求模拟的流速(目标值),则调节水泵电机的转速,使测得的平均流速满足模拟要求。测得的平均流速与目标值之间的误差一般要求小于 10%。

对于重要的试验研究项目,常需要测量试验区域内流场情况,包括在同一水平面上流向(纵向)和垂直流向(横向)若干点处的流速以及流速随水深的分布情况,借以反映所模拟的水流在试验区域的均匀程度。此外还需测量某一代表点处规定的在试验持续时间内流速随时间的变化情况,以反映所模拟水流的时间稳定性。这种高要求的流速模拟,需要花费较多的调节、测量和分析时间才能完成。对于合乎要求的模拟流场,在均匀性和稳定性方面通常都有限定的误差指标:在试验区域内沿流向和垂直流向各点所测得的平均流速与目标值的误差应小于 10%(均匀性指标);在某一代表点处测得的流速随时间的变化,其流速的均方差与平均流速的比值应小于 10%。

7.5.3　波浪的模拟

海洋工程水池都配备了专门的造波机和消波装置。造波机通常能制造单方向船舶的长波峰规则波和不规则波,有些特殊的造波机(多单元蛇形造波机)还能制造多方的长峰波和短峰波。为了消除波浪到达对岸时池壁的反射作用,在造波机对面的池壁前设置专门的消波装置,使造波机在水池中产生波浪能稳定地满足试验的要求。造波机的种类主要有柱塞式、气压式和摇板式,海洋工程水池普遍采用的都是摇板式造波机,摇板下端铰接在池体中的基座上,摇板的大部分没入水中,小部分在水面之上。在伺服电机和液压系统的驱动下,摇板做周期性的振荡运动,在水池中产生波浪。控制摇板的振幅和周期,可在水池中产生不同波高和不同波长的波浪。对于水池中波浪的波高和周期,可以采用固定于某一位置的浪高仪进行测量。

1) 规则波的模拟

浮式海洋平台模型在规则波中进行试验的目的在于测量规则波作用下的运动

和受力,并得出相应的响应幅值算子 RAO。由于规则波中的试验相对于简单稳定,认为得到的 RAO 比较正确可靠,如果在不同波长的规则波中进行试验,则可以得到相当宽广波频范围内的 RAO 数值。根据线性叠加原理,应用所得的 RAO 值可以计算实物在不规则波作用下的运动和受力。实际上海洋平台模型通常都要在不规则波中进行试验,这时规则波的试验只是为了相互比较验证,借以判断模型试验结果推算至实体的可信度。因此,海洋平台的模型一般都要在不同波频的规则波中进行试验。

模型试验研究的任务书中并不规定具体的浪高数值,但要求覆盖相对宽广的波频范围。为了使试验能保持在线性范围内,造波机能在水池中制造的规则波的波高和波长之比以 1/35~1/50 左右为宜。这是因为只有在这种情况下,频率响应函数才能与波高无关,如果波高过大,则频域响应函数会随着波高的增加而减小。因此,海洋工程水池中规则波的模拟是根据上述原则和实验室造波机的功能进行的。具体的思路和模拟步骤是:

(1) 根据造波机能产生规则波的频率上限和频率下限,在此范围内等间距分成 10~12 个造波的频率。

(2) 计算各频率响应的规则波的周期和波长。

(3) 根据合适的波高和波长之比,确定各频率响应的规则波的波高。

(4) 对造波机的控制系统确定相应于各频率的摇板运动周期和振幅。

(5) 在水池中对 10~12 个造波频率逐一模拟相应的规则波,即总共需要模拟 10~12 个规则波,并以浪高仪测量所模拟规则波的时历曲线。

2) 不规则波的模拟

浮式海洋平台模型试验的重点是在不规则波中进行的,任务书中明确规定了平台在生存状态和作业状态时的海洋环境条件。对于不规则波的模拟来说,主要给出的参数是:波谱、有义波高、谱峰周期、浪向(波浪作用于海洋平台的方向)。

由于海流对波浪的形状有明显的影响,例如同方向的流会使波形拉长,反方向的流会使波形缩短。现时常用的波谱又是在海上有流的情况下按实测结果统计分析得到的,因此在水池中模拟不规则波浪时,必须在有流速的情况下进行。这就要求仔细研究任务中规定的流速、流向与浪向的夹角组合等,逐一加以模拟。所以在水池中,首先要生成规定的流速和流向,然后再模拟不规则波。

一般会实验室编制常用的波浪谱(如 PM 谱、ISSC 谱、ITTC 谱、JONSWAP 谱等)的计算机程序,根据任务书中给定的有义波高、波谱、谱峰周期以及要求试验持续的时间在水池中进行不规则波的模拟。模拟步骤大体是:

(1) 根据给定的条件,应用计算机控制程序,产生造波机控制信号的时间序列,以此控制造波板的振幅与频率,从而在水池中产生不规则的波浪。

(2) 用浪高仪在试验持续时间内测量水池中不规则波的数据,进行谱分析后便得到模拟的波谱。如果模拟的结果与给定的目标波谱差别较大,则应修正控制信号的时间序列,重新造波。

(3) 谱的迭代修正。在不规则波的模拟过程中,第一次是以给定的目标谱 S_T 作为驱动谱 S_{d1} 生成驱动信号,由此在水池中产生不规则波的实测波谱,如 S_{m1} 与给定的目标谱 S_T 差异较大,需对驱动谱作如下修正:

$$\frac{S_{d1}}{S_{m1}} = \frac{S_{d2}}{S_T} \tag{7-9}$$

采用修正后的驱动谱 S_{d2} 生成驱动信号,在水池中第二次模拟不规则波浪,测量分析得到的波谱是 S_{m2}。如果 S_{m2} 能够满足目标谱 S_T 的要求,便完成了给定条件不规则波浪的模拟工作,否则要重复修正,再次在水池中模拟不规则波浪。如此反复迭代修正,直到满意为止。一般说来,仿照上述方法迭代 1~3 次便可得到满意的结果。

对于不规则波模拟结果的一般要求是:

(1) 模拟的测量波浪谱与目标谱基本符合。

(2) 有义波高和谱峰周期的测量值与目标值误差小于 5%(ITTC 规定)。

对于不规则波模拟结果的高标准要求,除了满足上述一般要求外,还应符合下列附加要求:

(1) 模拟波浪的二阶波浪包络谱要基本符合理论波浪包络谱。

(2) 波峰、波谷以及波高等数值都要基本符合 Weibull 分布。

(3) 波浪的时历基本上是线性的。

此外,还要对模拟谱和目标谱进行谱分析特征参数的比较,主要参数的误差一般不超过 5%。这些特殊要求对不规则波的实验技术和分析技术提出了更高的要求。

3) 关于浪向的模拟

海洋平台在海上作业会受到来自不同方向波浪的侵袭,因而在模型试验研究中,通常都规定若干不同浪向作用下平台的运动和受力情况。所谓浪向是指波浪作用于海洋平台的方向,若以固定式导管平台为例并采用通常的坐标系统,则与平台纵向向正向坐标一致的浪向定义为浪向 0°,相反方向的浪向为 180°,平台甲板横向坐标一致浪向为 90°,1/4 尾斜浪的方向为 45°,1/4 首斜浪的方向为 135°等。总之,浪向是描述波浪传播方向与海洋平台坐标系之间的相对角度。

在模拟试验研究中,关于浪向的模拟与海洋工程水池造波机的功能有关。

(1) 对于水池中两侧都配置了造波机,且一侧配置的是多单元蛇形造波机,则该水池可以产生任意方向的波浪。只要按照任务书中规定的浪向与其他相关参数,逐个模拟所要求的波浪即可。模型在水池中布置于给定的位置后,便可按试验程序逐一在规定浪向的波浪中进行试验。

（2）对于水池中只有一侧配置了造波机且只能产生单一方向的波浪，则只能按任务书中规定的有关参数进行波浪模拟而不考虑浪向。但模型在水池中布置于给定的位置后，只能在某一规定浪向的波浪中进行试验，试验完成后需要变动模型对波浪的方向重新布置，因而按试验程序中规定的浪向逐一布置模型在水池中的位置，以完成在不同浪向波浪中规定的试验。

上述两种方法都能实现模型在不同浪向中的试验，都是海洋工程界认可的方法。前者虽不需要变换模型在水池中的位置，但要求逐一模拟规定的不同浪向的波浪，模拟波浪的工作量较大。后者虽不需模拟不同浪向的波浪，但要求逐一变换模型在水池中的位置，才能满足对不同浪向波浪中的试验，变换模型位置的工作量较大。

在海洋平台的模型试验研究中，常要求模拟风、浪、流不同方向组合的海况，这些组合一般都是以浪向为标准，故在水池中需要变换造风系统与造波机的相对位置，以满足风、浪、流不同方向之间的组合。

7.6 模型试验大纲的编制原则

海洋平台振动控制在进行模型试验研究前需要编制试验大纲以保证试验的正确进行，平台模型振动控制试验大纲应包括以下内容：

（1）概述。

主要介绍该试验项目研究的背景，职称的项目等相关内容。

（2）试验原理和试验目的。

主要阐述模型试验的原理、试验目的，给出必要的图示，以便试验操作人员了解整个试验原理。

（3）试验依据。

主要阐述试验是依据何标准，何规范等。

（4）测量内容。

明确测试的主要内容，如测试平台的位移、速度还是其他测量参数。

（5）模型主尺度与相似性。

给出模型的相似性设计、模型设计图纸以及相似性满足程度，通常以列表形式表示。

（6）测量系统和测点布置。

给出各测点的位置布置图，并进行编号。并给出测量所需要的仪器设备名称及个数、精度要求等。

（7）试验准备工作。

详细列出试验前需要准备的工作，如平台下水方案、平台固定方案、平台模型加工过程中是否增加吊环设计以及强度评估等工作。数值模拟试验结果，保证满足强度要求、稳性要求等。

（8）试验工况。

根据试验目的、平台实际海况确定需要进行的试验工况，并给出具体工况参数如浪高、周期、水深等。

（9）提供测试结果。

需要在试验结束时提供测试结果，如各测点的位移、加速度等，需要保存的文件类型、数据精度要求以及测试信号与实际响应的换算表（实际测量的为电压信号等，需要进行换算）。

（10）计划进度。

给出整个试验的计划进度安排，保证试验按预期计划进行。

（11）保障条件。

明确测试场地、模型制作、各种仪器设备的提供方和保障方。

（12）参试人员。

明确试验室参加人员、试验甲方参加人员及各自分工。

（13）试验质量控制与试验安全。

明确在进行模型试验时可能出现的不利状况，并制定相应的补救措施，明确试验中需要注意的安全事项。

参 考 文 献

［1］　刘建军,章宝华.流体力学［M］.北京：北京大学出版社,2006.

［2］　杨建民,肖龙飞,盛振邦.海洋工程水动力学试验研究［M］.上海：上海交通大学出版社,2008.

第8章 导管架平台振动控制模型试验实例

8.1 试验目的及基本原理

该试验主要通过模型试验的研究手段,测试、比较导管架海洋平台模型在安装减振装置前后动力响应(位移、速度及加速度)的减轻幅度,以此来验证基于模糊控制方法设计的磁流变智能控制器对导管架海洋平台振动控制的有效性。试验的主要目的有:

(1) 测试不同工况下海洋平台模型在波浪作用下的动力响应。

(2) 比较不同工况下安装减振器后海洋平台的减振效果。

试验采用半主动模糊控制下的磁流变阻尼器来控制海洋平台模型在波浪载荷下的振动,控制原理如图8-1所示。

图8-1 MRFD振动控制原理

8.2 试验模型设计及制作

8.2.1 导管架平台试验模型设计

该海洋平台模型以3.3节给出的位于墨西哥湾的一典型导管架平台为原型,

该平台原型的主要结构参数如表 8-1 所示。模型设计过程中考虑到模型实际动响应的效果及加工的方便性,对原型结构进行适当的简化,并使简化后的模型固有频率尽量接近波浪频率,以便更好地观测海洋平台模型的动力响应以及减振效果。

表 8-1　平台的基本参数

	总质量	15 570 000 kg
平　　台	结构阻尼	4%(主振形)
	等效固定高度	160 m
	等效拖曳力系数	1.40
波浪荷载	等效惯性力系数	2.0
	平均水深	125 m
	有效波高和周期	10 m,8 s

　　模型的设计主要保证几何相似和动力相似,模型缩尺比为 1∶50。实物与模型主要相似比参数见表 8-2。模型材料选用有机玻璃。模型导管尺寸主要尺寸见附录 A 中构件型号表,结构图见附录 A。顶层板规格为:长 0.9 m,宽 0.4 m,厚 3 mm。理论上设计模型的质量 40.2 kg,干态固有频率 3.506 Hz。试验模型是在中国船舶工业第 702 研究所加工制作的,模型所用管材全部选用同一批市售标准型材。图 8-2 与图 8-3 给出了加工好的模型照片。

图 8-2　平台试验模型正立面

图 8-3　平台模型侧立面

表 8 - 2　海洋平台原型与模型相似比参数

材料及特性	材料名称	弹性模量	泊松比	密　度
原型	钢	2E+11 Pa	0.3	7 800 kg/cm³
模型	有机玻璃	3E+9 Pa	0.35	1 170 kg/cm³
相似比	几何形似比	弹性模量相似比	密度相似比	频率相似比	质量相似比
实际相似比值	50∶1	66.67∶1	6.67∶1	0.12∶1	240 000∶1
理论上应满足值	—	—	—	0.14∶1	830 000∶1

8.2.2　基于模糊控制原理的智能磁流变控制器设计[1]

1) 控制系统参量及模糊模型

本试验选取模糊控制方法作为智能控制器的控制方法。为了减轻结构振动响应,选取平台位移响应误差 $e(i) = r - y(i)$ 和误差变化 $ec(i) = e(i-1) - e(i)$ 为模糊控制器的输入变量,y 为位移响应,r 为参考输入,在结构振动控制中 $r = 0$,模糊控制器的最优控制力为输出变量。

2) 参量的模糊化

本书所讨论的论域为[-6, 6],对论域进行模糊分割,将模糊模型的 3 个语言变量:误差 E、误差变化 EC、控制力 U 分为 7 个模糊子集,即 NB, NM, NS, ZE, PS, PM, PB,并赋予以下正态模糊数:{NB, NM, NS, ZE, PS, PM, PB} = {-3, -2, -1, 0, 1, 2, 3},通过量化因子 K_e, K_{ec}, K_u 将 e, ec, u 的论域映射到[-6, 6]区间内。模糊数模型的结构可式 4 - 4 给出的 4 个修正因子的解析式来表达。

3) 磁流变阻尼器设计

根据平台模型试验所需提供控制力的量级以及目前国内能够生产阻尼器的尺寸规格,该模型试验设计 MR 结构如图 8 - 4 所示,基本参数如表 8 - 3 所示。

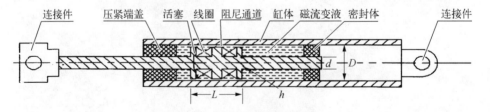

图 8 - 4　磁流变阻尼器的结构

表 8 - 3　磁流变阻尼器的基本参数

D/mm	d/mm	h/mm	L/mm	η/(Pa·s)	τ_{ymax}/kPa
100	40	1.5	200	1	40

在材料试验机上测出磁流变阻尼器的电流与输出阻尼力的多组数据。其性能试验是在 MTS810 材料屈服试验机上完成,采用振幅 20 mm,频率为 1 Hz,激励电流分别为：0,0.3,0.6,0.9,1.2,1.5,1.8,2.1 A 的工况下测试。结果如图8-5所示。该图表明阻尼力随速度增大而增大,在速度正负区呈分段线性关系,磁流变液的屈服强度随速度的变化关系基本符合 Bingham 模型的本构关系,参见式(8-1)。

$$F_{sv} = \frac{3\eta L \left[\pi(D^2 - d^2)\right]^2}{4\pi Dh^3} v(t) + \frac{3L\pi(D^2 - d^2)}{4h} \tau_y \mathrm{sgn}(v(t))$$

$$= c_d v(t) + f_{dy} \mathrm{sgn}(v(t)) \tag{8-1}$$

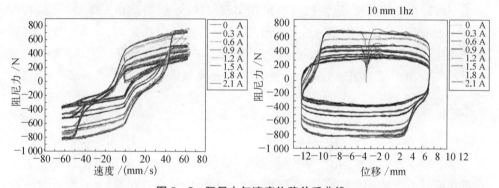

图 8 - 5　阻尼力与速度位移关系曲线

4) 半主动控制算法

在基于模糊控制原理的磁流变半主动控制器设计中,为了使海洋平台振动控制更灵活,设计更简单,采用简单 Bang-Bang 控制算法——Semi1,参见式(8-2)。

$$u_d(t) = \begin{cases} c_d v + f_{dymax} \mathrm{sgn}(v) & (xv > 0) \\ c_d v + f_{dymin} \mathrm{sgn}(v) & (xv \leqslant 0) \end{cases} \tag{8-2}$$

8.3　试验方案设计

8.3.1　试验内容及试验条件

1) 试验内容

根据该模型试验的目的,该模型试验主要包括静态校准试验、动力响应试验及半主动减振装置减振效果试验。各部分具体实验内容如下：

静态校准试验：主要获得海洋平台干模态时海洋平台的基本动力特性指标,

主要包括海洋平台的固有频率和质量。

动力响应模型试验：获得平台在不同设计海况下海洋平台各观测点的动力响应（位移、速度及加速度响应）。

减振装置控制效果试验：获得平台在阻尼器起作用后不同海况下海洋平台各观测点的动力响应（位移、速度及加速度响应），从而评价减振装置的减振效果和特点。

2) 试验条件

该试验是在中国船舶工业第 702 研究所的 05 风浪流水池中完成的。702 研究所"05"耐波性波浪水池主尺寸为 69 m×46 m×4 m(水深)，在水池相邻的两边布置了三维摇板式造波机，造波机可模拟规则波、长峰不规则波和三维短峰波，其造波能力为：规则波最大波高可达 0.5 m，波浪周期范围为 0.5～5.0 s；不规则波有义波高 0.5 m 最大波高可达 1.0 m 波向角 0°～80°，南北向架有一座长 78 m 钢质大桥，可绕水池中心旋转 45° 其上安装有拖车，拖车最大速度为 4 m/s。

8.3.2 测点布置

1) 岸上静态校验试验的测点布置

岸上静态校验试验的测点布置如图 8-6 所示。在平台最顶层甲板中心布置非接触测量系统，用于测量平台在静水平力作用下的位移。在图 8-6 所示 D 桩腿的最上端布置一加速度传感器用于测量捶击试验时加速度响应信号，以便分析海洋平台模型岸上的频率。

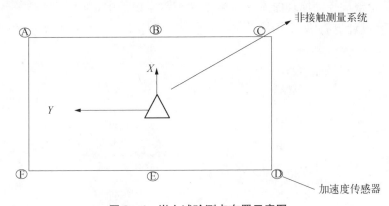

图 8-6 岸上试验测点布置示意图

2) 水池试验

水池试验中平台模型的动力响应特性试验及控制装置作用下平台模型减振效果试验所采用的测点布置相同。

根据平台入水时，距离水面上的高度以及平台上部结构动响应要较下部结构动响应显著的特点,在 A, C, D 和 F 四个桩腿的(模型标高 0.4 m, 0.7 m)处设置了 8 个测点,每个测点布置测量 X 方向和 Y 方向加速度的双向传感器,分别用于测量模型 X 方向和 Y 方向的加速度动态响应。并在模型顶层甲板中心位置安装测量 X, Y 两个方向位移的非接触测量系统。测点布置如图 8-7,图 8-8 所示。图 8-9,图 8-10 给出了加速度传感器和阻尼器安装位置。表 8-4 列出了测点位置和对应的传感器编号。波浪参数由位于模型左前方的波高仪测定。

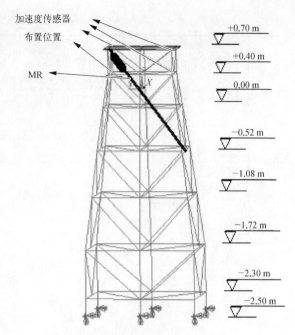

图 8-7 MR 及测点布置示意图

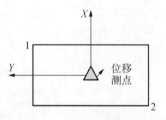
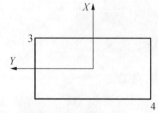

(a) 第七层加速度测点编号 ($z=0.7$ m) (b) 第六层加速度测点编号 ($z=0.4$ m)

图 8-8 加速度测点编号示意图

图 8-9 传感器安装位置 图 8-10 阻尼器安装位置

表 8‑4 测点布置的具体位置及测点编号

序号	测试内容	编号	位置(图1坐标系下 X 坐标)	位置(图1坐标系下 Y 坐标)	位置(图1坐标系下 Z 坐标)	备注(将各桩腿编号,方便标注)
1	1号测点 X 方向的加速度信号	ACC_{1x}	0.16	0.4	0.7	
	1号测点 Y 方向的加速度信号	ACC_{1y}				
2	2号测点 X 方向的加速度信号	ACC_{2x}	−0.16	0.4	0.7	
	2号测点 Y 方向的加速度信号	ACC_{2y}				
3	3号测点 X 方向的加速度信号	ACC_{3x}	0.16	0.4	0.4	A6(A桩腿第六层节点)
	3号测点 Y 方向的加速度信号	ACC_{3y}				
4	4号测点 X 方向的加速度信号	ACC_{4x}	−0.16	0.4	0.4	F6
	4号测点 Y 方向的加速度信号	ACC_{4y}				

8.3.3 试验方法及工况

1) 岸上校验试验

静态校验试验(图8‑11)。方法:加水平方向拉力测量平台模型静位移。

捶击试验(图8‑12)。方法:通过锤击,测量平台测点的位移及加速度响应。

图 8‑11 静态校验试验

图 8‑12 捶击试验

2）平台模型波浪作用下动力响应特性试验

试验方法：将海洋平台模型通过固定装置固定于池底，调节水深到试验水深 2.5 m，通过造波机造浪，产生波浪力作用于海洋平台模型，通过装置在平台模型上的位移测量系统和加速度测量系统测得平台的动态响应。主要工况包括以下两类：

规则波试验：波高 1 个、浪向角 1 个、波浪周期 2 个。主要测量规则波作用下海洋平台模型的动力响应，试验工况详见表 8-5。实验时照片见图 8-13 所示。

表 8-5　规则波试验工况

编　号	波　高/m	浪　向/(°)	周期 T/s
R01 规则波	0.32	沿平台 X 轴方向（如图所示）	1.5
R02 规则波	0.20	沿平台 X 轴方向（如图所示）	1.0

（a）规则波动力响应试验　　　　（b）随机波动力响应试验

图 8-13　水池动力响应试验

不规则波中模型结构响应。波高 2 个、浪向角 3 个、波浪周期 2 个。主要测量随机波浪下海洋平台模型的动力响应。试验工况表详见表 8-6。（其中真实海况为 7 s，5 m，对应为 1 s，0.1 m）

表 8-6　不规则波试验工况

编　号	有义波高/m	浪　向/(°)	峰值周期/s
I01	0.32	沿平台 X 轴方向	1.5
I02	0.32	沿平台 Y 轴方向	1.5
I03	0.32	沿与平台 X 轴方向呈 45°	1.5
I04	0.20	沿平台 X 轴方向	1.0
I05	0.10	沿平台 X 轴方向	1.0

3) 控制装置作用下(MR)平台动力响应及减振效果试验

试验方法：将 MR 安装在海洋平台模型通过固定装置固定于池底,调节水深到试验水深 2.5 m,通过造波机造浪,产生波浪力作用于海洋平台模型,通过装置在平台模型上的位移测量系统和加速度测量系统测得平台的动态响应。主要工况包括以下两类：

规则波 MR 减振试验：波高 1 个、浪向角 1 个、波浪周期 2 个。主要测量规则波作用下减振器的减振效果。试验工况见表 8-7。

表 8-7　规则波 MR 减振试验工况表

编　号	波　高/m	浪　向(°)	周期 T/s
R01 规则波	0.32	沿平台 X 轴方向	1.5
R02 规则波	0.20	沿平台 X 轴方向	1.0

不规则波 MR 减振试验。波高 2 个、浪向角 3 个、波浪周期 2 个。主要测量随机波浪下减振的效果。试验工况见表 8-8。试验方案如图 8-14 所示。

表 8-8　不规则波 MR 减振试验工况表

编　号	有义波高/m	浪　向(°)	峰值周期/s
I01	0.32	沿平台 X 轴方向	1.5
I02	0.32	沿平台 Y 轴方向	1.5
I03	0.32	沿与平台 X 轴方向呈 $45°$	1.5
I04	0.20	沿平台 X 轴方向	1.0
I05	0.10	沿平台 X 轴方向	1.0

图 8-14　不规则波 MR 减振试验

本试验方案共进行岸上静态校验试验和水池试验两类试验,岸上静态试验主要为了获得干模态时平台的刚度和频率特性,水池试验主要包括平台模型结构在不安装 MR 状态时平台的振动响应测试试验以及安装 MR 情况下不通电(仅作为增加构件)以及通电(半主动控制)状态下平台的动力响应测试试验。水池试验中共进行两个规则波、五个不规则波试验共七个试验工况,这些试验工况主要考察不同类型的波浪、不同波高、不同周期、不同浪向时 MR 半主动控制系统的减振效果。

8.3.4　测试仪器

试验所用到仪器设备见表 8-9。测试仪器如图 8-15 和图 8-16 所示,所用仪器均在检验合格的有效期内。

表 8-9　试验仪器

仪 器 名 称	规 格	数 量	提 供 单 位
浪高仪	ZL06-0005	1	05 水池
加速度计	量程(±2 g)/FA01-0142	8	05 水池
非接触式运动测量系统	ZL03-0005	1	05 水池
计算机及采集软件	1006-2138	3 套	05 水池
便携式工控机	-	1	江苏科技大学

图 8-15　六自由度非接触测量系统

图 8-16　加速度传感器

测量系统如图 8-17 所示。

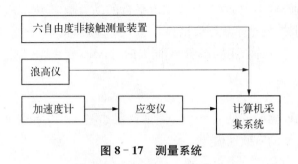

图 8-17　测量系统

8.4　智能控制系统控制效果的数值模拟

为了在实际试验中获得较好的试验观测效果和减振效果,本书对 MR 半主动控制系统的参数根据平台模型进行了实际设计,并对减振效果进行了数值仿真。平台模型采用 ANSYS 软件进行了有限元建模,采用 Morison 方程进行波浪荷载的计算,并将之转化为节点力加载到平台结构上。平台有限模型如图 8-7 所示。对 7 个试验工况的波浪力以及不安装 MR 和安装 MR 之后的平台动力响应(位移、速度以及加速度)分别进行了数值模拟,并给出了控制力、控制电流的时域变化图。各工况数值模拟结果如下,加速度以 1 号测点为例。表 8-10 给出了平台模型在各状态下的频率计算结果。

表 8-10　海洋平台模型湿模态第一阶频率计算表

状　　态	方　　向	有限元计算结果/Hz
仅有平台模型	X 方向	3.25
	Y 方向	13.68
加有配重	X 方向	2.795
	Y 方向	10.591
MR 结构自身	X 方向	2.78
	Y 方向	3.68
增加 MR 后平台结构	X 方向	3.46
	Y 方向	13.86

本书以 I01 工况为例,进行数值模拟结果图示说明。图 8-18、图 8-19 给出了 I01 工况下波谱及单个桩腿的波浪力的数值模拟结果。

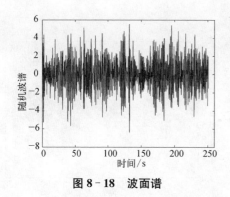

图 8-18　波面谱

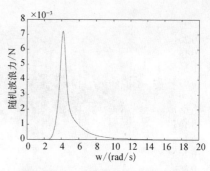

图 8-19　单个桩腿波浪力时域图

依据模糊方法的半主动控制力计算方法,数值模拟出控制电流以及 MR 提供的阻尼力如图 8-20 和图 8-21 所示。

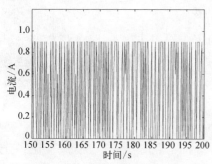

图 8-20　MRFD 的控制电流

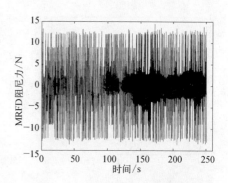

图 8-21　MRFD 提供的阻尼力

图 8-22～图 8-24 给出了未安装 MR 前和安装 MR 后并通电情况下平台模型振动响应的变化趋势。图 8-25～图 8-27 给出了安装 MR 后未通电和安装 MR 后通电情况下平台模型振动响应的减振效果。由于 I01 工况波浪荷载的船舶方向为 X 方向,因此理论上 Y 方向没有加载,因此 Y 方向的结构响应数值模拟结构极小。图中给出的仅是 X 方向的响应结果。

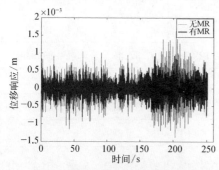

图 8-22　有无 MRFD 装置的
位移响应比较

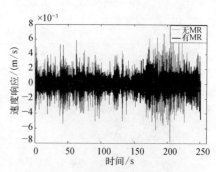

图 8-23　有无 MRFD 装置的
速度响应比

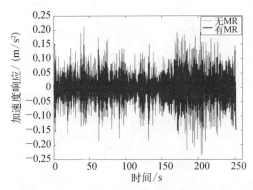

图 8－24　有无 MRFD 装置的加速度响应比较

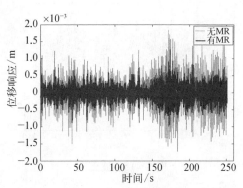

图 8－25　有无通电节点位移响应比较

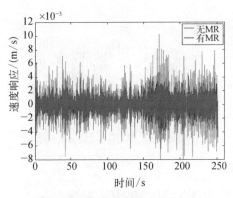

图 8－26　有无通电速度响应比较

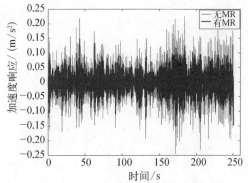

图 8－27　有无通电加速度响应比较

7 种工况数值模拟结果各相应的均方差如表 8－11～表 8－13 所示。

表 8－11　数值模拟位移响应均方差

工况编号	响应方向	无 MR 位移均响应方差/mm	未通电位移响应均方差/mm	通电位移响应均方差/mm	通电与无 MR 情况减振幅度/(%)	通电与不通电情况相对减振幅度/(%)
R01	X	0.478 1	0.495 0	0.286 1	40.17	42.23
R02	X	0.179 3	0.186 4	0.122 3	37.42	39.81
I01	X	0.438 4	0.562 0	0.279 6	36.22	50.25
I02	Y	0.202 3	0.201 5	0.133 5	34.01	33.75
I03	X	0.132 9	0.141 9	0.097 9	26.28	30.99
I03	Y	0.104 0	0.116 2	0.076 9	26.09	33.80
I04	X	0.208 7	0.229 1	0.137 9	33.92	39.81

工况 编号	响应 方向	无 MR 位移 响应方差/mm	未通电位 移响应均 方差/mm	通电位移 响应均方 差/mm	通电与无 MR 情况减 振幅度/(%)	通电与不通 电情况相对 减振幅度/(%)
I05	X	0.102 44	0.112 5	0.069 6	32.10	38.13
平均减 振幅度/ (%)	X	通电情况 减振幅度	34.35	通电与不通电情况相对减 振幅度		40.20
	Y	通电情况 减振幅度	30.05	通电与不通电情况相对减 振幅度		33.78

表 8 – 12 数值模拟速度响应均方差

工况 编号	响应 方向	无 MR 速度 均响应方 差/(m/s)	未通电速 度响应均 方差/(m/s)	通电位速 度应均方 差/(m/s)	通电与无 MR 情况减 振幅度/(%)	通电与不通 电情况相对 减振幅度/(%)
R01	X	0.004 7	0.004 8	0.002 9	38.30	39.58
R02	X	0.003 5	0.003 7	0.002 3	34.29	39.47
I01	X	0.002 2	0.002 7	0.001 4	36.36	48.15
I02	Y	1.25×10^{-4}	1.37×10^{-4}	8.41×10^{-5}	32.71	38.87
I03	X	7.61×10^{-4}	8.21×10^{-4}	5.31×10^{-4}	30.31	35.35
	Y	3.54×10^{-4}	3.95×10^{-4}	2.83×10^{-4}	20.00	38.39
I04	X	0.002 6	0.002 9	0.001 8	30.77	37.93
I05	X	0.001 3	0.001 4	9.07×10^{-4}	30.21	35.19
平均减 振幅度/ (%)	X	通电情况 减振幅度	33.37	通电与不通电情况相对减 振幅度		39.28
	Y	通电情况 减振幅度	26.36	通电与不通电情况相对减 振幅度		38.63

表 8 – 13 数值模拟加速度响应均方差

工况 编号	响应 方向	无 MR 加速 度响应均方 差/(m/s²)	未通电加速 度响应均方 差/(m/s²)	通电位加 速度响应均 方差/(m/s²)	通电与无 MR 情况减 振幅度/(%)	通电与不通 电情况相对 减振幅度/(%)
R01	X	0.075 4	0.074 4	0.042 3	43.87	45.19
R02	X	0.055 7	0.054 4	0.038 7	39.19	41.48
I01	X	0.072 3	0.075 2	0.042 9	40.66	42.95
I02	Y	0.003 2	0.003 4	0.002 1	33.40	38.59

工况编号	响应方向	无 MR 加速度响应均方差/(m/s²)	未通电加速度响应均方差/(m/s²)	通电位加速度响应均方差/(m/s²)	通电与无 MR 情况减振幅度/(%)	通电与不通电情况相对减振幅度/(%)
I03	X	0.028 9	0.031 3	0.019 9	31.14	36.42
	Y	0.012 4	0.013 8	0.009 7	21.77	29.71
I04	X	0.065 9	0.075 4	0.043 8	33.54	41.91
I05	X	0.032 2	0.036 9	0.021 6	32.92	41.46
平均减振幅度/(%)	X	通电情况减振幅度	36.89	通电与不通电情况相对减振幅度		41.57
	Y	通电情况减振幅度	27.59	通电与不通电情况相对减振幅度		34.15

根据模糊控制原理进行了半主动控制系统的设计,并采用 MR 进行实现,数值模拟结果表明 MR 可以对平台的振动进行有效的控制。

8.5　试验结果及分析

8.5.1　岸上静态试验结果及分析

岸上静位移测量结果见表 8-14。

表 8-14　岸上静位移测量结果

试验工况	横向拉力/kg	最顶层位移/mm	计算的刚度/(m/N)	刚度/(m/N)
L1：沿宽方向无配(X方向)	2	0.38	5 263	5 263
	4	0.78	5 128	5 128
	6	1.22	4 918	4 918
L2：沿宽方向配重 20 kg（X方向）	2	0.33	6 060	6 060
	4	0.71	5 633	5 633
	6	1.11	5 405	5 405
L3：沿长方向无配重（Y方向）	2	0.14	14 285	14 285
	4	0.31	12 903	12 903
	6	0.48	12 500	12 500

续　表

试验工况	横向拉力/kg	最顶层位移/mm	计算的刚度/(m/N)	刚度/(m/N)
L4：沿长方向配重 20 kg（Y 方向）	2	0.14	14 285	14 285
	4	0.30	13 333	13 333
	6	0.48	12 500	12 500

岸上捶击加速度测量结果见图 8-28～图 8-33。图 8-28 给出了纵向采样频率为 50 Hz 时无配重时平台的加速度响应及频域的谱密度分析结果，其中峰值频率为 14.7 Hz。图 8-29 给出了纵向采样频率为 100 Hz 无配重时平台的加速度响应及频域的谱密度分析结果，其中峰值频率为 14.55 Hz。图 8-30 给出了纵向采样频率为 100 Hz、配重 20 kg 时平台的加速度响应及频域的谱密度分析结果，其中峰值频率为 10.1 Hz。图 8-31 给出了纵向采样频率为 200 Hz、配重 20 kg 时平台

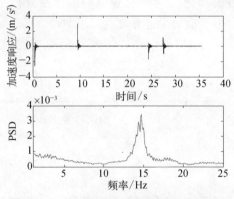

图 8-28　纵向捶击加速度响应及谱密度分析（无配重、采样频率 50 Hz）

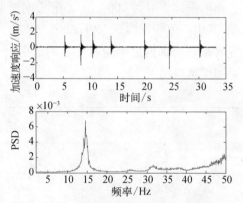

图 8-29　纵向捶击加速度响应及谱密度分析（无配重、采样频率 100 Hz）

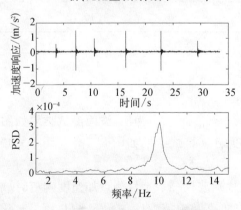

图 8-30　纵向捶击加速度响应及谱密度分析（配重 20 kg、采样频率 100 Hz）

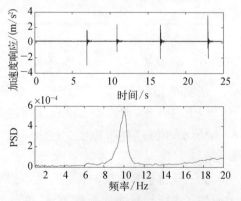

图 8-31　纵向捶击加速度响应及谱密度分析（配重 20 kg，采样频率 200 Hz）

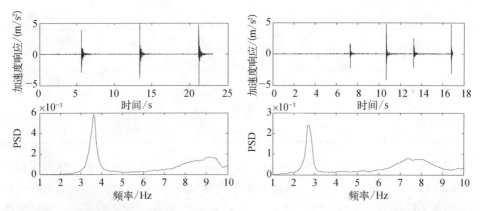

图 8-32　横向捶击加速度响应及谱密度　　图 8-33　横向捶击加速度响应及谱密度分
　　　　　分析(无配重、采样频率 200 Hz)　　　　　　　析(配重 20 kg、采样频率 200 Hz)

的加速度响应及频域的谱密度分析结果,其中峰值频率为 10.1 Hz。图 8-32 给出了横向采样频率为 200 Hz、无配重时平台的加速度响应及频域的谱密度分析结果,其中峰值频率为 3.52 Hz。图 8-33 给出了横向采样频率为 200 Hz、20 kg 配重时平台的加速度响应及频域的谱密度分析结果,其中峰值频率为 2.88 Hz。频率测试结果见表 8-15。

表 8-15　各工况测试频率

试 验 工 况	测 试 方 向	测试频率/Hz
L1	X	3.52
L2	X	2.88
L3	Y	14.55
L4	Y	10.10

8.5.2　动力响应试验结果及分析

规则波工况的试验结果分工况,如下:

以 R01 工况(波高:0.32 m,周期:1.5 s,浪向:X)为例,波面测试结果如图 8-34 所示,位移响应、速度响应及加速度响应测试结果如图 8-35~图 8-40 所示。

为了获得平台结构的频率特性,对该规则波工况下 1 号测点加速度响应时域响应信号进行频域响应分析,1 号测点的加速度频域响应如图 8-41,图 8-42 所示。

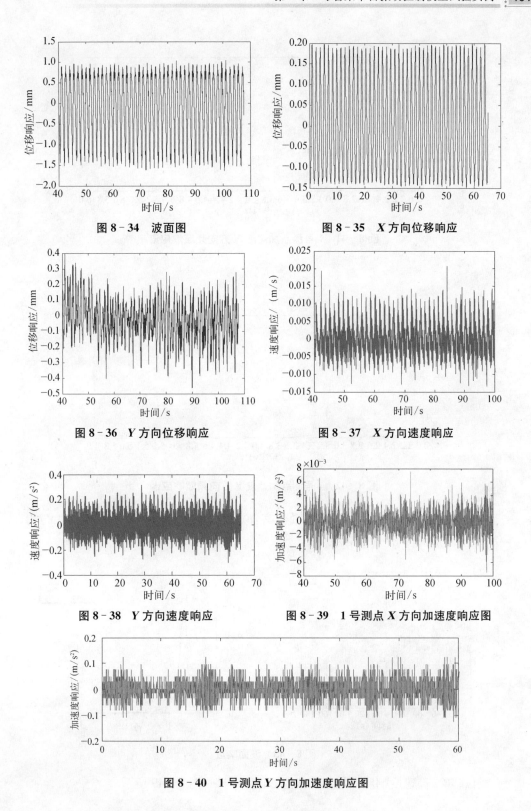

图 8‑34　波面图

图 8‑35　*X* 方向位移响应

图 8‑36　*Y* 方向位移响应

图 8‑37　*X* 方向速度响应

图 8‑38　*Y* 方向速度响应

图 8‑39　1 号测点 *X* 方向加速度响应图

图 8‑40　1 号测点 *Y* 方向加速度响应图

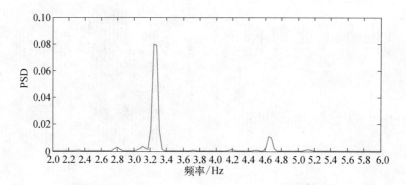

图 8‑41　1 号测点加速度 X 方向频域响应谱

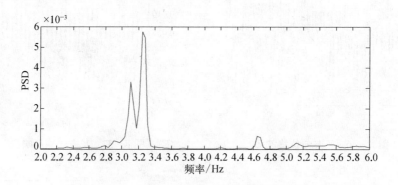

图 8‑42　1 号测点加速度 Y 方向频域响应谱

对于随机波浪，以 I02 工况（有效波高：0.32 m，峰值周期：1.5 s，浪向：Y）为例，波面响应如图 8‑43 所示。

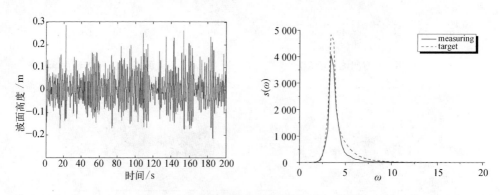

图 8‑43　波面响应

位移响应、速度响应及加速度响应如图 8‑44～图 8‑49 所示。

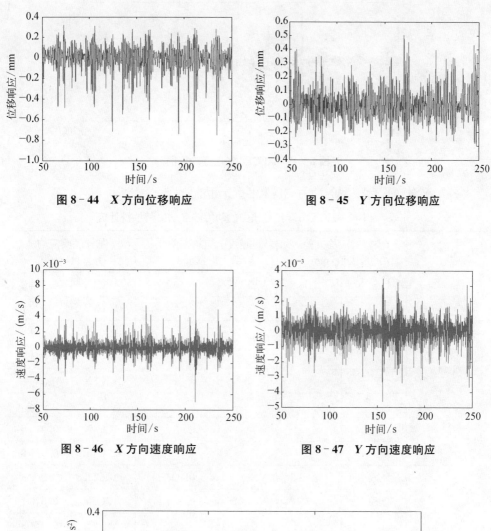

图 8 - 44　*X* 方向位移响应

图 8 - 45　*Y* 方向位移响应

图 8 - 46　*X* 方向速度响应

图 8 - 47　*Y* 方向速度响应

图 8 - 48　ACC1X 加速度响应图

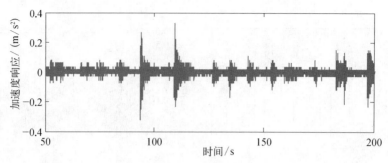

图 8 - 49 ACC1Y 加速度响应图

各工况海洋平台模型的动力响应特性统计值见表 8 - 16。

表 8 - 16 各工况海洋平台模型的动力响应动力特性统计值

工况编号	位移响应均方差/最大值/mm		速度响应均方差/最大值/(m/s)		加速度响应均方差/(m/s²)	
R01	DISPX	0.398 2	VELOX	0.002 9	ACC1X	0.054 8
	DISPY	0.077 2	VELOY	$9.671\,6 \times 10^{-4}$	ACC1Y	0.028 2
					ACC2X	0.054 5
					ACC2Y	0.024 3
					ACC3X	0.050 8
					ACC3Y	0.023 0
					ACC4X	0.046 6
					ACC4Y	0.021 6
R02	DISPX	0.125 2	VELOX	0.003 5	ACC1X	0.046 3
	DISPY	0.065 8	VELOY	0.001 1	ACC1Y	0.016 7
					ACC2X	0.071 9
					ACC2Y	0.017 2
					ACC3X	0.042 1
					ACC3Y	0.016 2
					ACC4X	0.040 0
					ACC4Y	0.016 3
I01	DISPX	0.263 9	VELOX	0.001 7	ACC1X	0.049 1
	DISPY	0.045 0	VELOY	$6.030\,4 \times 10^{-4}$	ACC1Y	0.041 5
					ACC2X	0.036 1
					ACC2Y	0.040 1

工 况 编 号	位移响应均方差/ 最大值/mm		速度响应均方差/ 最大值/(m/s)		加速度响应均 方差/(m/s²)	
I01					ACC3X	0.036 9
					ACC3Y	0.019 3
					ACC4X	0.035 9
					ACC4Y	0.021 5
I02	DISPX	0.041 3	VELOX	$6.945\ 2\times10^{-4}$	ACC1X	0.020 5
	DISPY	0.132 0	VELOY	$8.116\ 3\times10^{-4}$	ACC1Y	0.019 7
					ACC2X	0.019 2
					ACC2Y	0.020 4
					ACC3X	0.017 9
					ACC3Y	0.020 7
					ACC4X	0.017 1
					ACC4Y	0.021 6
I03	DISPX	0.087 7	VELOX	$5.555\ 7\times10^{-4}$	ACC1X	0.016 2
	DISPY	0.066 2	VELOY	$4.071\ 9\times10^{-4}$	ACC1Y	0.009 8
					ACC2X	0.011 9
					ACC2Y	0.010 2
					ACC3X	0.012 2
					ACC3Y	0.010 3
					ACC4X	0.011 8
					ACC4Y	0.010 8
I04	DISPX	0.107 4	VELOX	0.001 2	ACC1X	0.039 6
	DISPY	0.030 9	VELOY	$5.312\ 6\times10^{-4}$	ACC1Y	0.020 3
					ACC2X	0.058 7
					ACC2Y	0.017 5
					ACC3X	0.034 3
					ACC3Y	0.016 4
					ACC4X	0.032 2
					ACC4Y	0.015 0

续　表

工 况 编 号	位移响应均方差/ 最大值/mm		速度响应均方差/ 最大值/(m/s)		加速度响应均 方差/(m/s²)	
R05	DISPX	0.052 0	VELOX	$6.113\,8\times10^{-4}$	ACC1X	0.016 4
	DISPY	0.025 5	VELOY	$3.261\,7\times10^{-4}$	ACC1Y	0.010 6
					ACC2X	0.013 9
					ACC2Y	0.013 9
					ACC3X	0.013 6
					ACC3Y	0.006 7
					ACC4X	0.013 0
					ACC4Y	0.008 2

对频域的分析结果可得到平台在水中的振动频率，如表 8 – 17 所示。

表 8 – 17　平台在水中的振动频率

方　　向	频率/Hz
X	3.20
Y	3.36

对比表 8 – 17 与表 8 – 15 的计算结果，发现：对于 X 方向的频率而言，平台在水中的频率要较岸上计算结果偏小，这主要是由于平台在水中由于附连水质量引起的。对于 Y 方向频率而言，水中计算结果与理论预报结果一致，而与岸上频率计算结果相差较大，这可能是岸上锤击时，诱发了平台模型的局部振动，因此岸上锤击得到 Y 方向的频率极有可能是局部结构的频率。

8.5.3　磁流变阻尼器减振试验效果及分析

在测试平台动力响应基础上，安装磁流变阻尼减振器，进行减振效果模型试验。试验分为将磁流变阻尼器通电和不通电两种情况进行。磁流变阻尼器不通电试验主要是测试安装磁流变阻尼器对平台结构动力响应的影响，通电情况主要进行减振效果试验。试验同上共分两个规则波试验和五个不规则波试验进行。试验结果如下：

规则波工况，以 R01 工况（波高：0.35 m，周期：1.5 s，浪向：X）为例，位移减振效果如图 8 – 50，图 8 – 51 所示。

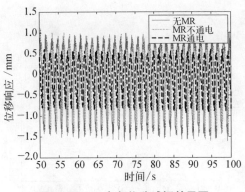

图 8-50　X 方向位移减振效果图

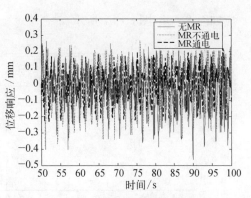

图 8-51　Y 方向位移减振效果图

速度减振效果如图 8-52,图 8-53 所示。

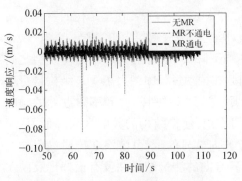

图 8-52　X 方向速度减振效果图

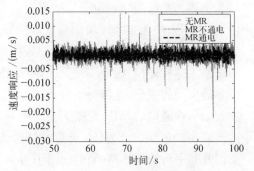

图 8-53　Y 方向速度减振效果图

加速度减振效果如图 8-54,图 8-55 所示。

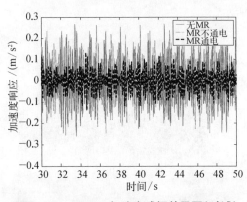

图 8-54　ACC1X 加速度减振效果图(时域)

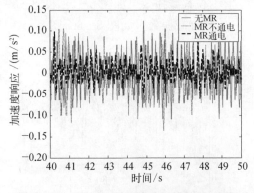

图 8-55　ACC1Y 加速度减振效果图(时域)

为了获得平台结构在安装 MR 后的 X 方向的频率特性,对该 X 方向规则波工况下 1 号和 4 号测点的时域响应信号进行频域响应分析,1 号测点的加速度频域响应如图 8-56,图 8-57 所示。

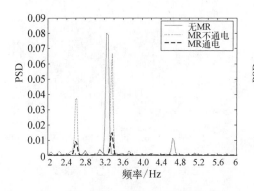
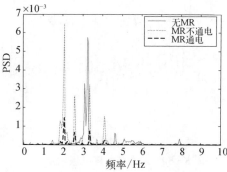

图 8-56　ACC1X 加速度频域响应图　　　图 8-57　ACC1Y 加速度频域响应图

上述加速度频域响应分析结果表明,加有 MR 之后,平台模型结构的基频有所增加(由原来的 3.20 Hz 增加到 3.32 Hz),因此,在基频处即使 MR 不通电,仅作为一个构件使用也会使结构在基频处的频响下降,但是由于 MR 结构与模型之间的连接为螺栓连接,因此不是完全钢接,因此在振动过程中测出了 MR 结构自身频率参与振动的成分,这部分由导致了结构频率在 MR 构件自身频率附近处的频响加大。但在通电后,MR 发挥了振动控制的作用,使得结构的频响大大降低,从而达到减振的效果。此外,由于实测结构 X 方向信号的干扰,波浪在传播过程的变形以及与平台结构排挤的相互作用,使得 Y 方向的测量结果并没有很好地反映 Y 方向的振动特性,而大多数仍反映了 X 方向的特性。从上述 Y 方向结果只能表明 MR 通电后能够对 Y 方向也起到较好的减振效果。

对于随机波工况,以 I01 工况(有效波高:0.32 m,峰值周期:1.5 s,浪向:X)为例,位移减振效果如图 8-58,图 8-59 所示。

速度减振效果如图 8-60,图 8-61 所示。

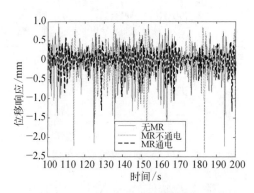
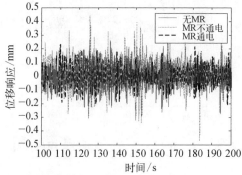

图 8-58　X 方向位移减振效果图　　　图 8-59　Y 方向位移减振效果图

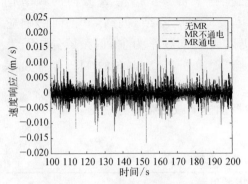

图 8‐60　*X* 方向速度减振效果图

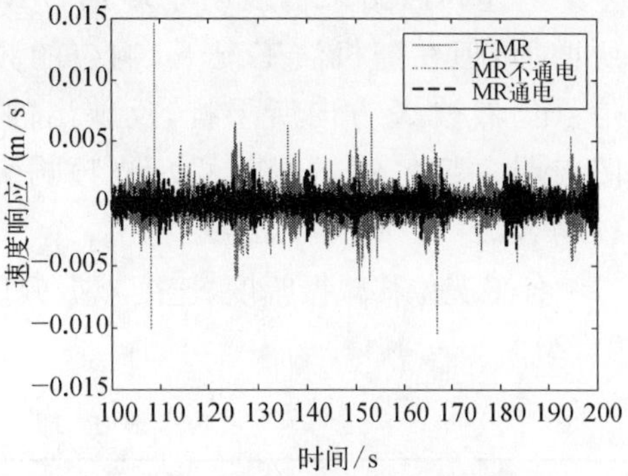

图 8‐61　*Y* 方向速度减振效果图

加速度减振效果如图 8‐62,图 8‐63 所示。

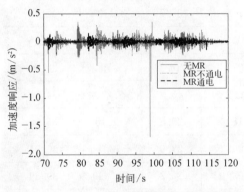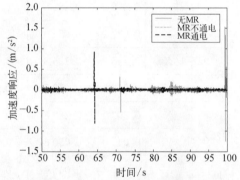

图 8‐62　ACC1X 加速度减振效果图(时域)

图 8‐63　ACC1Y 加速度减振效果图(时域)

为了获得平台结构在安装 MR 后的 *X* 方向的频率特性,对该 *X* 方向随机波工况下 1 号和 4 号测点的时域响应信号进行频域响应分析,1 号测点的加速度频域响应如图 8‐64,图 8‐65 所示。

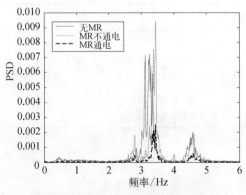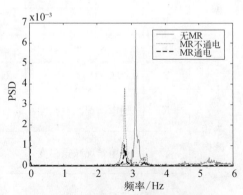

图 8‐64　ACC1X 加速度频域响应图

图 8‐65　ACC1Y 加速度频域响应图

上述频域结果仍表明了增加 MR 后使得平台模型结构 X 方向的频率有所增加，但在随机波工况下，响应的频率成分更为复杂，同时，Y 方向的响应信号仍然被 X 方向所干扰，反映出的仍以 X 方向频率为主，但频域分析结果图表明主频之外还出现了一个频响高峰，经分析与 X 方向的 MR 自身频率较吻合。

各工况位移减振幅度、速度减振幅度及加速度减振幅度分别见表 8 - 18～表 8 - 20。

表 8 - 18 位移减振效果

工况编号	测试方向	无 MR	有 MR 不通电情况位移响应均方差/mm	有 MR 通电情况位移响应均方差/mm	通电情况减振幅度/（%）	不通电情况减振幅度/（%）	通电与不通电情况相对减振幅度/（%）
R01	X	0.398 2	0.385 8	0.256 0	35.7	3.113	32.58
	Y	0.077 2	0.075 0	0.050 2	35.0	2.84	32.16
R02	X	0.125 2	0.124 8	0.077 9	37.8	3.19	34.61
	Y	0.065 8	0.059 7	0.037 0	43.8	9.27	34.53
I01 (320X)	X	0.263 9	0.282 8	0.185 2	29.8	−7.16	36.96
	Y	0.045 0	0.050 6	0.032 6	27.6	−12.44	40.04
I02 (320Y)	X	0.041 3	0.048 4	0.032 1	22.2	−17.19	39.39
	Y	0.132 0	0.170 8	0.106 8	19.1	−29.39	48.49
I03 (320XY)	X	0.087 7	0.093 3	0.069 0	21.3	−6.38	27.68
	Y	0.066 2	0.075 2	0.055 0	16.9	−13.59	30.49
I04	X	0.107 4	0.128 4	0.078 7	26.8	−19.55	46.35
	Y	0.030 9	0.037 1	0.022 2	28.1	−20.06	48.16
I05	X	0.069 8	0.063 2	0.045 6	34.6	9.45	25.15
	Y	0.056 6	0.049 6	0.397 8	29.7	12.36	17.34
平均减振幅度/（%）	X	通电情况减振幅度		29.74	通电与不通电情况相对减振幅度		34.67
	Y	通电情况减振幅度		28.60	通电与不通电情况相对减振幅度		35.89
		通电情况减振幅度		29.17	通电与不通电情况相对平均减振幅度		35.28

表 8 - 19　速度减振效果

工况编号	测试方向	无 MR	有 MR 不通电情况速度响应均方差/mm	有 MR 通电情况速度响应均方差/mm	通电情况减振幅度/(%)	不通电情况减振幅度/(%)	通电与不通电情况相对减振幅度/(%)
R01	X	0.003 7	0.003 6	0.002 7	27.6	3.45	24.15
	Y	0.000 97	0.000 94	0.000 69	28.1	2.90	25.2
R02	X	0.003 5	0.003 2	0.002 56	26.7	8.57	18.13
	Y	0.001 1	8.88×10^{-4}	0.000 78	28.7	19.30	9.4
I01 (320X)	X	0.001 7	0.001 8	0.001 32	22.4	−5.88	28.28
	Y	6.03×10^{-4}	6.73×10^{-4}	4.70×10^{-4}	22.1	−11.60	33.7
I02 (320Y)	X	6.95×10^{-4}	7.15×10^{-4}	5.14×10^{-4}	25.9	−2.88	28.78
	Y	8.12×10^{-4}	9.29×10^{-4}	5.82×10^{-4}	28.4	−14.40	42.8
I03 (320XY)	X	5.56×10^{-4}	0.000 613	0.000 41	25.6	−10.25	35.85
	Y ·	4.07×10^{-4}	0.000 462	2.94×10^{-4}	27.7	−13.51	41.21
I04	X	0.001 2	0.001 3	0.000 85	29.1	−8.33	37.43
	Y	5.31×10^{-4}	8.11×10^{-4}	4.11×10^{-4}	22.6	−2.70	25.3
I05	X	8.23×10^{-4}	9.35×10^{-4}	5.69×10^{-4}	30.9	−13.61	44.51
	Y ·	4.33×10^{-4}	4.83×10^{-4}	3.13×10^{-4}	27.7	−11.51	39.21
平均减振幅度 /(%)	X	通电情况减振幅度		26.89	通电与不通电情况相对减振幅度		31.02
	Y	通电情况减振幅度		26.47	通电与不通电情况相对减振幅度		30.97
		通电情况减振幅度		26.68	通电与不通电情况相对平均减振幅度		30.99

表 8－20　加速度减振效果

工况编号	测点编号	测试方向	无 MR 时加速度响应均方差/(m/s²)	有 MR 不通电情况加速度响应均方差/(m/s²)	有 MR 通电情况加速度响应均方差/(m/s²)	通电情况减振幅度/(%)	不通电情况减振幅度/(%)	通电与不通电情况相对减振幅度/(%)
R01	1	X	0.054 8	0.052 7	0.034 2	37.72	3.91	33.81
		Y	0.028 3	0.024 6	0.016 2	42.69	12.98	29.71
	2	X	0.054 5	0.051 8	0.033 2	39.06	4.95	34.11
		Y	0.024 3	0.023 5	0.015 7	35.56	3.31	32.25
	3	X	0.050 8	0.048 1	0.031 1	38.87	5.31	33.56
		Y	0.023 0	0.021 9	0.014 6	36.56	4.71	31.85
	4	X	0.046 7	0.045 7	0.029 6	36.75	2.24	34.51
		Y	0.021 5	0.022 5	0.015 3	29.02	−4.69	33.71
R02	1	X	0.042 2	0.044 9	0.027 9	33.81	−6.35	40.16
		Y	0.016 2	0.018 7	0.013 0	19.77	−15.43	35.2
	2	X	0.038 1	0.041 9	0.026 1	31.60	−10.00	41.6
		Y	0.015 5	0.020 7	0.013 1	15.42	−33.70	49.12
	3	X	0.039 7	0.040 9	0.025 7	35.46	−2.92	38.38
		Y	0.012 8	0.015 9	0.009 4	26.71	−24.21	50.92
	4	X	0.035 8	0.038 4	0.023 9	33.19	−7.37	40.56
		Y	0.012 2	0.014 8	0.008 7	28.42	−21.31	49.73
I01	1	X	0.049 1	0.045 7	0.032 8	33.13	6.92	26.21
		Y	0.041 5	0.039 5	0.028 9	30.35	4.82	25.53
	2	X	0.036 0	0.034 2	0.026 3	26.94	5.09	21.85
		Y	0.040 2	0.038 9	0.030 7	23.63	3.23	20.4
	3	X	0.036 8	0.032 1	0.024 2	34.39	12.84	21.55
		Y	0.019 2	0.017 9	0.015 3	20.67	6.77	13.9
	4	X	0.035 8	0.034 5	0.026 5	26.16	3.63	22.53
		Y	0.021 5	0.017 3	0.013 6	36.70	19.68	17.02
I02	1	X	0.020 6	0.023 1	0.013 4	34.98	−12.38	47.36
		Y	0.019 7	0.022 6	0.013 2	32.99	−14.92	47.91

工况编号	测点编号	测试方向	无 MR 时加速度响应均方差/(m/s²)	有 MR 不通电情况加速度响应均方差/(m/s²)	有 MR 通电情况加速度响应均方差/(m/s²)	通电情况减振幅度/(%)	不通电情况减振幅度/(%)	通电与不通电情况相对减振幅度/(%)
102	2	X	0.019 2	0.019 6	0.013 2	31.19	−1.94	33.13
		Y	0.020 4	0.022 9	0.014 2	30.53	−12.23	42.76
	3	X	0.018 0	0.019 6	0.012 6	30.07	−8.88	38.95
		Y	0.020 7	0.020 5	0.014 4	30.32	1.11	29.21
	4	X	0.017 0	0.019 8	0.013 4	21.44	−16.39	37.83
		Y	0.021 7	0.019 6	0.013 6	37.15	9.66	27.49
I03	1	X	0.016 2	0.019 4	0.013 1	19.23	−19.66	38.89
		Y	0.009 9	0.011 4	0.008 2	17.17	−15.15	32.32
	2	X	0.011 9	0.014 1	0.009 6	19.32	−18.48	37.8
		Y	0.010 1	0.012 3	0.008 7	13.86	−21.78	35.64
	3	X	0.012 2	0.014 7	0.009 3	23.47	−20.49	43.96
		Y	0.010 3	0.012 6	0.009 6	7.11	−22.33	29.44
	4	X	0.011 9	0.013 8	0.009 2	22.69	−15.96	38.65
		Y	0.010 9	0.012 1	0.008 4	22.97	−11.36	34.33
I04	1	X	0.039 6	0.034 9	0.020 5	48.19	11.87	36.32
		Y	0.020 4	0.019 9	0.010 5	48.48	2.63	45.85
	2	X	0.058 6	0.043 2	0.024 8	57.67	26.27	31.4
		Y	0.017 6	0.019 6	0.010 3	41.59	−11.59	53.18
	3	X	0.034 4	0.031 7	0.017 7	48.55	7.78	40.77
		Y	0.016 4	0.017 5	0.009 9	39.84	−6.83	46.67
	4	X	0.032 2	0.030 4	0.017 3	46.25	5.45	40.8
		Y	0.015 0	0.014 8	0.008 8	41.64	1.33	40.31
I05	1	X	0.021 7	0.017 5	0.012 8	40.86	19.30	21.56
		Y	0.008 2	0.010 1	0.006 1	25.61	−23.10	48.71
	2	X	0.038 9	0.045 2	0.021 8	43.95	−16.19	60.14
		Y	0.010 8	0.013 0	0.006 8	37.03	−20.3	57.33

工况编号	测点编号	测试方向	无 MR 时加速度响应均方差/(m/s²)	有 MR 不通电情况加速度响应均方差/(m/s²)	有 MR 通电情况加速度响应均方差/(m/s²)	通电情况减振幅度/(%)	不通电情况减振幅度/(%)	通电与不通电情况相对减振幅度/(%)
105	3	X	0.019 0	0.021 5	0.010 8	43.19	−13.15	56.34
		Y	0.008 4	0.010 3	0.007 0	16.09	−23.12	39.21
	4	X	0.018 5	0.014 9	0.010 9	40.79	19.32	21.47
		Y	0.010 3	0.009 2	0.006 3	38.58	10.95	27.63
平均减振幅度/(%)		X	通电情况减振幅度		33.50	通电与不通电情况相对减振幅度		35.01
		Y	通电情况减振幅度		28.13	通电与不通电情况相对减振幅度		35.62
			通电情况减振幅度		30.81	通电与不通电情况相对平均减振幅度		35.31

　　表 8-18～表 8-20 的计算结果表明采用半主动控制原理设计的 MR 系统可以对平台试验模型在波浪荷载作用下诱发的振动进行有效的控制,减振效果明显,其中 X 方向位移的减振幅度各工况下平均可达 29.17%、速度减振幅度各工况下平均可达 26.68%、加速度减振幅度效果各工况下平均可达 30.81%,即加速度的减振效果最好,位移、速度响应的减振效果次之。表 8-18～表 8-20 中对比 X 方向和 Y 方向的减振效果,表明由于 MR 安装的位置以及平台模型在 X,Y 方向振动频率等特性的差别,使得 X 方向的控制效果好于对 Y 方向振动的控制效果。此外,相比于正向的波浪,对斜浪的控制效果要更差一些。由于该控制系统是采用模糊控制原理进行设计的,因此控制效果对不同海况参数下(波高、周期)也有较好的模糊性,控制效果比较稳定,但上述试验结果仍表明,对规则波的控制效果要好于同等海况参数下的随机波浪作用下的控制效果,而且随着波高增大控制效果减弱。

　　此外,尽管对于实际平台结构而言,MR 的增加所带来平台结构的改变很小,可忽略。但在平台模型试验中,模型是按 1∶50 的缩尺比进行制作的,MR 的质量与平台模型整体质量是同一量级的,而且 MR 结构是刚质结构,相对于平台模型采用的有机玻璃而言,其刚度的增加也不容忽视,因此 MR 作为结构构件的增加会影响平台结构的振动特性,为了更清晰地研究 MR 减振系统的减振效果,需要考虑 MR 结构本身对平台模型振动的影响情况。因此通过对只增加 MR 结构,而不通电不施加控制力时平台结构振动情况的变化趋势进行研究,结果表明,MR 仅作为刚性构件进行结构的局部改变时,由于其质量和刚度所带来平台模型结构的整体改变,会影响平台结构的频率和响应情况,在本模型试验中会使平台振动响应的基频有所增加,但对平台整体响应的影响趋势与具体海况有关,可能加剧平台的振动也可能减轻平台的振动。上表中的 MR 通电和不通电平台结构的相对减振幅度计算结果表明:由于控制系统的作用,MR 的位移相对减振幅度 35.28%、速度相对减振幅度 30.99%、加速度相对减振幅度平均在 35.31%,减振效果较好。图 8-58~图 8-65 给出了工况 I01 的位移、速度以及加速度响应在安装 MR 减振系统前后的时域响应对比图。这些图形结果表明,在时域内 MR 振动控制系统可以对平台模型振动响应进行有效减轻,尤其是对于加速度出现较大响应的时刻振动控制效果更是显著。

8.6　试验测量结果与数值模拟结果比较

频率的数值模拟结果见表 8-21。

表 8-21　海洋平台模型第一阶频率计算表

		有限元计算结果	实 测 结 果
只有模型	X 方向	3.25	3.20
	Y 方向	3.68	3.36
加有配重	X 方向	2.795	2.76
	Y 方向	3.59	3.32
MR 自身	X 方向	2.78	2.82
	Y 方向	3.68	–
增加 MR	X 方向	3.46	3.32
	Y 方向	3.86	–

该表计算结果表明,实测的频率结果与有限元计算结果吻合较好。MR 仅作为刚性构件使用时,由于其质量和刚度的影响会影响海洋平台模型结构的频率和响应情况,在本模型试验中会使平台振动响应的基频有所增加(由原来的 3.20 Hz 增加到 3.32 Hz),但对平台整体响应的影响趋势与具体海况有关,可能加剧平台的振动也可能减轻平台的振动。

将 8.4 节的数值模拟结果与测量结果进行比较,减振效果的数值模拟以及实测结果对比见表 8-22~表 8-24。

表 8-22 位移减振效果对比表

工况编号	测试方向	数据类型	无 MR/mm	通电情况减振幅度/(%)	通电与不通电情况相对减振幅度/(%)
R01	X	实测	0.398 2	35.70	32.58
	Y	数值模拟	0.478 1	40.17	42.23
	X	实测	0.077 2	35.00	32.16
R02	Y	实测	0.125 2	37.80	34.61
	X	数值模拟	0.179 3	37.42	39.81
	Y	实测	0.065 8	43.80	34.53
I01(320X)	X	实测	0.263 9	29.80	36.96
	Y	数值模拟	0.438 4	36.22	50.25
	X	实测	0.045 0	27.60	40.04
I02(320Y)	Y	实测	0.041 3	22.20	39.39
	X	实测	0.132 0	19.10	48.49
	Y	数值模拟	0.202 3	34.01	33.75
I03 (320XY)	X	实测	0.087 7	21.30	27.68
	Y	数值模拟	0.132 9	26.28	30.99
	X	实测	0.066 2	16.90	30.49
	Y	数值模拟	0.104 0	26.09	33.80
I04	X	实测	0.107 4	26.80	46.35
	Y	数值模拟	0.208 7	33.92	39.81
	X	实测	0.030 9	28.10	48.16
I05	Y	实测	0.069 8	34.60	25.15
	X	数值模拟	0.102 4	32.10	38.13
	Y	实测	0.056 6	29.70	17.34
各工况统计平均值	数值模拟		0.76 (实测/模拟)	33.28	38.60
	实 测			29.17	35.28

表 8-23　速度减振效果对比表

工况编号	测试方向	数据类型	无 MR	通电情况减振幅度/(%)	通电与不通电情况相对减振幅度/(%)
R01	X	实测	0.003 7	27.60	24.15
		数值模拟	0.004 7	38.31	39.58
	Y	实测	9.67×10^{-4}	28.10	25.2
R02	X	实测	0.003 0	26.70	18.13
		数值模拟	0.003 5	34.29	39.47
	Y	实测	0.001 1	28.70	9.40
I01(320X)	X	实测	0.001 7	22.40	28.28
		数值模拟	0.002 2	36.36	48.15
	Y	实测	6.03×10^{-4}	22.10	33.70
I02(320Y)	X	实测	6.95×10^{-4}	25.90	28.78
	Y	实测	8.12×10^{-5}	28.40	42.80
		数值模拟	1.25×10^{-4}	32.71	38.87
I03 (320XY)	X	实测	5.56×10^{-4}	25.60	35.85
		数值模拟	7.61×10^{-4}	30.31	35.35
	Y	实测	4.07×10^{-4}	27.70	41.21
		数值模拟	3.54×10^{-4}	20.00	28.39
I04	X	实测	0.001 2	29.10	37.43
		数值模拟	0.002 6	30.77	37.93
	Y	实测	5.31×10^{-4}	22.60	25.30
I05	X	实测	8.23×10^{-4}	30.90	44.51
		数值模拟	0.001 3	30.21	35.19
	Y	实测	4.33×10^{-4}	27.70	39.21
各工况统计平均值		数值模拟	0.76 (实测/模拟)	31.62	33.09
		实　测		26.68	30.99

表 8 - 24　加速度减振效果对比表

工况编号	测试方向	数据类型	无 MR 时加速度响应均方差/(m/s²)	通电情况减振幅度/(%)	通电与不通电情况相对减振幅度/(%)
R01	X	实测	0.054 8	37.72	33.81
		数值模拟	0.075 4	43.87	45.19
	Y	实测	0.028 3	42.69	29.71
R02	X	实测	0.042 2	33.81	40.16
		数值模拟	0.055 7	39.19	41.48
	Y	实测	0.016 2	19.77	35.20
I01	X	实测	0.049 1	33.13	26.21
		数值模拟	0.072 3	40.66	42.95
	Y	实测	0.041 5	30.35	25.53
I02	X	实测	0.020 6	34.98	47.36
	Y	实测	0.019 7	32.99	47.91
		数值模拟	0.031 6	33.40	38.59
I03	X	实测	0.016 2	19.23	38.89
		数值模拟	0.028 9	31.14	36.42
	Y	实测	0.009 9	17.17	32.32
		数值模拟	0.012 4	21.77	29.71
I04	X	实测	0.039 6	48.19	36.32
		数值模拟	0.065 9	33.54	41.91
	Y	实测	0.020 4	48.48	45.85
I05	X	实测	0.021 7	40.86	21.56
		数值模拟	0.032 2	32.92	41.46
	Y	实测	0.008 2	25.61	48.71
各工况统计平均值		数值模拟	0.68（实测/模拟）	34.56	39.71
		实　测		33.21	36.40

通过表 8-22～表 8-24 给出的数值计算结果与实际测试结果的比较分析表明：实测结果整体上与数值模拟结果吻合较好,但实测的平台 X 方向的振动响应要比数值模拟小一些,位移响应平均为数值模拟结果的 0.66 倍左右,速度响应平均为数值模拟结果的 0.76 倍、加速度响应平均为数值模拟结果的 0.68 倍。这主要由于实际造波产生的波浪要比理论值小,波浪力计算值与实际值之间的误差所引起的。除了 I03 斜浪工况外,其他工况下与主浪向垂直的方向(I02 工况为 X 方向、其他工况均为 Y 方向)的振动响应测试结果要比数值模拟结果大两个数量级以上(数值模拟结果极小,忽略)。这主要是由于实际测量结果中 X 方向与 Y 方向测量信号之间的相互影响以及数值模拟过程中没有考虑波浪在传递过程的变形、作用在结构上的拍击力的影响造成的,因此存在较大的差距。此外,对于减振幅度的对比结果表明,尽管个别工况相差达 10% 左右,但各工况的平均减振幅度吻合较好,整体上模拟的减振效果要比实际减振效果好,主要是由于在实际 MR 控制系统作用时存在时滞现象以及在进行控制系统设计时实际模型与理论模型存在的偏差等原因引起的。

8.7　试　验　结　论

本章根据试验方案进行了岸上试验和水池试验,并对试验结果进行了分析及与数值模拟结果进行了比较,分析、比较结果表明:

(1) 采用半主动控制原理设计的 MR 系统可以对平台试验模型在波浪荷载作用下诱发的振动进行有效的控制,减振效果明显,其中 X 方向位移的减振幅度各工况下平均可达 29.17%、速度减振幅度各工况下平均可达 26.68%、加速度减振幅度效果各工况下平均可达 30.81%,即加速度的减振效果最好,位移、速度响应的减振效果次之。

(2) 由于 MR 安装的位置以及平台模型在 X,Y 方向振动频率等特性的差别,使得 X 方向的控制效果好于对 Y 方向振动的控制效果。此外,相比于正向的波浪,对斜浪的控制效果要更差一些。由于该控制系统是采用模糊控制原理进行设计的,因此控制效果对不同海况参数下(波高、周期)也有较好的模糊性,控制效果比较稳定,但上述试验结果仍表明,对规则波的控制效果要好于同等海况参数下的随机波浪作用下的控制效果,而且随着波高增大,控制效果减弱。

(3) 尽管对于实际导管架平台结构而言,MR 的增加所带来平台结构的改变很小,可忽略。但在平台模型试验中,模型是按 1∶50 的缩尺比进行制作的,MR 的质量与平台模型整体质量是同一量级的,而且 MR 结构是刚质结构,相对于平台模型采用的有机玻璃而言,其刚度的增加也不容忽视。试验结果表明,MR 仅作为刚性构件进行结构的局部改变时由于其质量和刚度所带来平台模型结构的整体改变因此会影响平台结构的频率和响应情况,在本模型试验中会使平台振动响应的基频有所增加,但对平台整体响应的影响趋势与具体海况有关,可能加剧平台的振动也可能减轻平台的振动。

(4) MR 通电和不通电平台结构的相对减振幅度计算结果表明,由于控制系统的作用,MR 的位移相对减振幅度 35.28%、速度相对减振幅度 30.99%、加速度相对减振幅度平均在 35.31%,减振效果较好。

(5) 在时域内 MR 振动控制系统可以对平台模型振动响应进行有效减轻,尤其是对于加速度出现较大响应的时刻振动控制效果更是显著。

(6) 数值模拟结果与实测结果整体上吻合较好,但实测的平台 X 方向的振动响应要比数值模拟小一些,大约为数值模拟结果的 0.7 倍左右,这主要由于实际造波产生的波浪要比理论值小,波浪力计算值与实际值之间的误差所引起的。Y 方向的振动响应测试结果要比理论上模拟的结果大很多,主要是由于实际 X 方向测量信号之间的相互影响、波浪在传递过程以及作用在结构上时 X 方向的浪在 Y 方向也会产生作用力,而数值模拟过程中不考虑上述因素的影响,在模拟过程中仅考虑 X 方向浪仅产生 X 方向的作用力,Y 向作用力为零,因此存在较大的差距。

(7) 对于减振幅度的对比结果表明,吻合较好,但模拟的减振效果要比实际减振效果好,主要是由于在实际 MR 控制系统作用时存在时滞现象以及在进行控制系统设计时实际模型与理论模型存在的偏差等原因引起的。

参 考 文 献

[1] 霍发力. 海洋平台半主动振动控制方法及模型试验研究[D]. 江苏: 江苏科技大学船舶与海洋工程学院,2009.

第9章 自升式平台振动控制模型试验实例

9.1 试验目的及基本原理

以模型试验的手段,通过测量和比较控制前后平台模型结构动力响应的减少幅度,来验证基于 B-P 神经网络的磁流变智能控制方法对深水自升式海洋平台随机振动响应控制的可行性与有效性。试验的主要目的有:

(1) 测试不同工况下海洋平台模型在波浪作用下的动力响应。

(2) 比较不同工况下安装减振器后海洋平台的减振效果。

试验采用神经网络半主动控制下的磁流变阻尼器来控制海洋平台模型在波浪载荷下的振动,控制原理如图 9-1 所示。

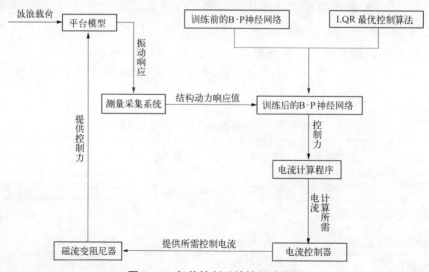

图 9-1 智能控制系统控制流程图

9.2　试验模型设计及制作

9.2.1　自升式平台试验模型设计

参照第 7 章给出的平台模型试验的相似原理,为了保证试验测试结果与平台原型响应的相似性,本试验模型主要按照几何相似与动力相似进行设计。平台参数如表 9-1 所示。

表 9-1　平台参数

总质量	9 185.4 t
高度	160 m
工作水深	122 m
等效桩腿直径	1.7 m
等效拖曳力系数	1.5
等效惯性力系数	2.0

通过有限元建模计算平台原型的一阶固有频率为 0.283 Hz。在模型设计过程中,要同时完全保证模型与原型的几何相似和动力相似几乎不可能。现有研究成果表明,振动控制系统的控制效果与结构振动的频响特性直接相关,因此,在综合考虑了模型实际动响应的效果以及本试验的最终目的后,主要满足几何相似和平台结构的振动频率尽量靠近的相似准则,模型的缩尺比取为 1∶40,理论上模型的一阶固有频率应为 1.81 Hz。实际设计模型与平台原型相关参数如表 9-2 所示,结构图参见附录 B。加工好的平台模型如图 9-2 所示[1]。

表 9-2　实际模型与平台原型相关参数

	材料名称	弹性模量	泊松比	密　度	固有频率
原型	钢	2.1E+11Pa	0.30	7 800 kg/m³	0.283 Hz
实际模型	铝合金	7.2E+10Pa	0.36	2 720 kg/m³	1.92 Hz
实际相似比值	-	2.9∶1	0.83∶1	2.87∶1	0.149∶1
理论相似比值	-	-	-	-	0.158∶1

器的安装位置如图 9-3 所示。

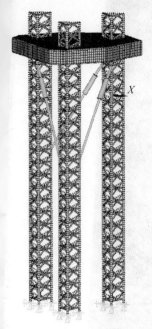

表 9-3　磁流变阻尼器基本参数

参 数 名 称	参 数 值
缸体内径 D/mm	58
活塞杆直径 d/mm	15
活塞与缸体间隙 h/mm	1
导磁区长度 L/mm	30
磁流变液动力黏度 η/(Pa · s)	1
磁流变液剪切应力 τ_{ymax}/kPa	45

图 9-3　阻尼器安装位置图

9.3　试验方案设计

3.1　试验内容及试验条件

1）试验内容

根据该模型试验的目的,该模型试验主要包括动力响应试验及智能减振装置
振效果试验。各部分具体实验内容如下:

动力响应模型试验:获得平台在不同设计海况下海洋平台各观测点的动力响
(位移、速度及加速度响应)。

减振装置控制效果试验:获得平台在阻尼器起作用后不同海况下海洋平台各
测点的动力响应(位移、速度及加速度响应),从而评价减振装置的减振效果和
点。

2）试验条件

(1)试验水池。

该试验在中国船舶科学研究中心(702 所)"05"水池实验室完成,水池试验条

阻尼

图 9-2 平台试验模型

9.2.2 基于神经网络法智能控制系统设计

1）神经网络控制系统设计及训练

根据 5.5 节介绍的方法及原理，该试验采用神经网络控制方
设计。该神经网络采用误差逆传播算法，即 B-P 算法，使网络对
正确率不断提高，因而具有很好的非线性映射能力[2]。本书根据
结构，设定神经网络的输入层和输出层的神经元个数分别为 2 个
神经元个数参考经验公式（9-1），取为 6 个。

$$n_1 = \sqrt{n+m} + a$$

其中，m 为输出层神经元个数，n 为输入层神经元个数，a 为 [1, 10

参照 5.3.2 节中给出的 B-P 神经网络设计方法中，取步骤
$\ddot{X}(t)$ 各 1 000 组作为输入样本，取对应的 1 000 组最优控制力向量
样本，误差训练目标取为 0.001，对神经网络进行训练，直到达到训练

2）磁流变阻尼器设计及安装位置

采用剪切阀式磁流变阻尼器作为智能控制器，具体性能参数如

件参见8.3.1节。

（2）试验设备。

本试验所用到的仪器设备如表9-4、图9-4所示。

表 9-4　试验设备

仪 器 名 称	数 　 量	提 供 单 位
浪高仪	1	05 水池实验室
加速度计	6	05 水池实验室
波高及加速度计配套仪器	1套	05 水池实验室
六自由度测量系统	1	05 水池实验室
磁流变控制器	3	江苏科技大学
计算机采集系统	1	05 水池实验室
便携式工控机	1	江苏科技大学

（a）六自由度非接触测量仪

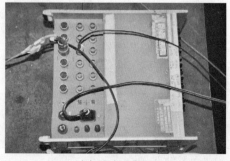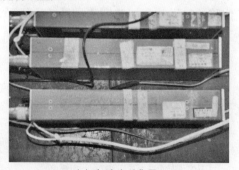

（b）浪高采集仪　　　　　　　　　　（c）加速度采集器

图 9-4　相关仪器设备

9.3.2 测点布置

由于平台上部结构较平台下部结构的结构动力响应大,因此在如图 9-5 所示的位置设置了 4 个测点。测点 4 安装的测量装置是六自由度非接触式运动测量系统,用于测量结构 X,Y 两个方向的位移;测点 1,2,3 每处安装 2 个加速度传感器,分别用于测量 X 和 Y 方向的加速度响应。测量系统的示意图如图 9-6 所示。

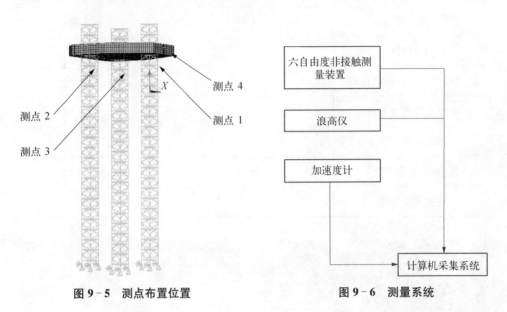

图 9-5 测点布置位置   图 9-6 测量系统

9.3.3 试验方法及工况

1) 平台模型波浪作用下动力响应特性试验

试验方法:将海洋平台模型通过固定装置固定于池底,调节水深到试验水深 4 m,通过造波机造浪,产生波浪力作用于海洋平台模型,通过装置在平台模型上的位移测量系统和加速度测量系统测得平台的动态响应。主要工况包括以下两类:

(1) 规则波试验:波高 2 个、浪向角 2 个、波浪周期 1 个。主要测量规则波作用下减振器的减振效果。详见表 9-5。浪向如图 9-7 所示。

表 9-5 规则波试验工况

编 号	波 高/m	浪 向/(°)	周期 T/s
R01 规则波	0.2	沿平台 X 轴方向	1.5
R02 规则波	0.2	沿平台 Y 轴方向	1.5
R03 规则波	0.35	沿平台 X 轴方向	1.5

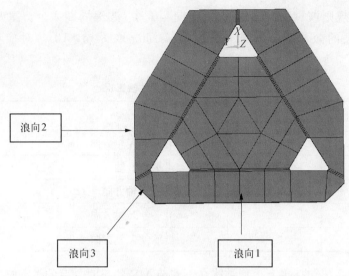

图9-7 浪向1(沿 X 轴方向)、2(沿 Y 轴方向)、3(与 X 轴成120°)

(2) 不规则波试验：波高2个、浪向角3个、波浪周期2个。主要测量随机波浪下减振的效果。详见表9-6(真实海况取8 m，10 s，对应为0.2 m，1.58 s)。

表9-6 不规则波试验工况

编 号	有义波高/m	浪 向/(°)	周期 T/s
I01	0.35	沿平台 X 轴方向	2.3
I02	0.35	沿平台 Y 轴方向	2.3
I03	0.35	沿与平台 X 轴方向呈120°	2.3
I04	0.2	沿平台 X 轴方向	2.3
I05	0.2	沿平台 X 轴方向	1.7

2) 控制装置作用下(MR)平台动力响应及减振效果试验

(1) 规则波试验：波高2个、浪向角2个、波浪周期1个。主要测量规则波作用下减振器的减振效果。详见表9-7。

表9-7 规则波试验工况

编 号	波 高/m	浪 向/(°)	周期 T/s
R01 规则波	0.2	沿平台 X 轴方向	1.5
R02 规则波	0.2	沿平台 Y 轴方向	1.5
R03 规则波	0.35	沿平台 X 轴方向	1.5

（2）不规则波试验：波高2个、浪向角3个、波浪周期2个。主要测量随机波浪下减振的效果。详见表9-8（真实海况取8 m，10 s，对应为0.2 m，1.58 s）。

表9-8 不规则波试验工况

编　　号	有义波高/m	浪向/(°)	周期 T/s
I01	0.35	沿平台 X 轴方向	2.3
I02	0.35	沿平台 Y 轴方向	2.3
I03	0.35	沿与平台 X 轴方向呈 120°	2.3
I04	0.2	沿平台 X 轴方向	2.3
I05	0.2	沿平台 X 轴方向	1.7

本试验主要包括平台模型结构在不安装 MR 状态时平台的振动响应测试试验以及安装 MR 情况下平台的动力响应测试试验。水池试验中共进行 3 个规则波、5个不规则波试验共 8 个试验工况，这些试验工况主要考察不同类型的波浪、不同波高、不同周期、不同浪向时 MR 半主动控制系统的减振效果。试验照片如图 9-8 所示。

(a) 规则波动力响应试验　　　　　　　　(b) 随机波动力响应试验

图9-8 水池动力响应试验

9.4 智能控制系统控制效果的数值模拟

为了确保模型试验能有较好的观测结果和减振效果，对平台模型振动控制试验进行了数值仿真。利用 ANSYS 有限元软件建立平台模型，采用本书第 2 章所发展的方法计算平台模型所受到的随机波浪载荷，并将之转化为节点力加载到平台桩腿结构上。

按照试验方案,对 8 种不同工况下、有控制系统和无控时平台的结构动力响应(位移、速度和加速度)进行了数值仿真,仿真结果如下。限于篇幅有限,此处仅给出了工况 R01、I01 和 I05 下的相关图示。

1) 工况 R01(波高 0.2 m,周期 1.5 s,浪向 X)

由于本工况浪向为 X 方向,理论上 Y 方向应没有载荷作用,因此平台模型 Y 方向的动力响应极小,故此处只给出了 X 方向的响应结果(图 9-9~图 9-12)。

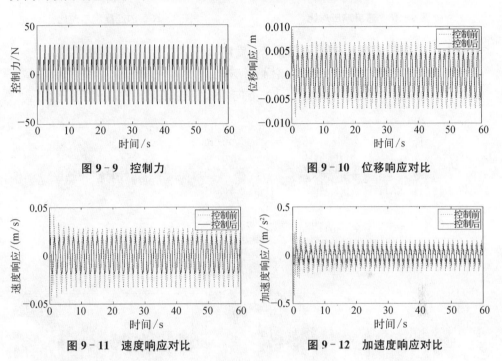

图 9-9　控制力

图 9-10　位移响应对比

图 9-11　速度响应对比

图 9-12　加速度响应对比

2) 工况 I01(有义波高 0.35 m,峰值周期 2.3 s,浪向 X)

由于本工况浪向为 X 方向,理论上 Y 方向应没有载荷作用,因此平台模型 Y 方向的动响应极小,故此处只给出了 X 方向的响应结果(图 9-13~图 9-16)。

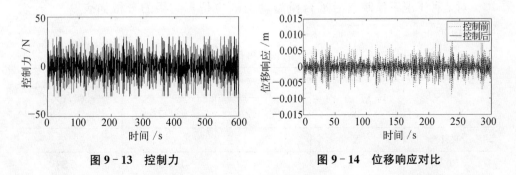

图 9-13　控制力

图 9-14　位移响应对比

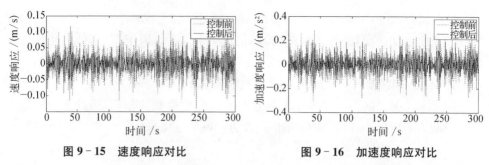

图 9‑15　速度响应对比　　　　　图 9‑16　加速度响应对比

3) 工况 I05(波高 0.2 m,周期 1.7 s,浪向 X)

由于本工况浪向为 X 方向,理论上 Y 方向应没有载荷作用,因此平台模型 Y 方向的动响应极小,故此处只给出了 X 方向的响应结果(图 9‑17~图 9‑20)。

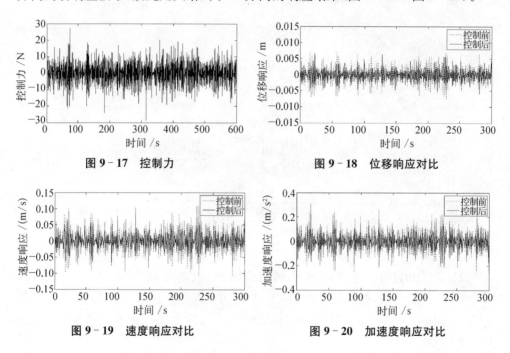

图 9‑17　控制力　　　　　　　图 9‑18　位移响应对比

图 9‑19　速度响应对比　　　　　图 9‑20　加速度响应对比

对 7 种工况下控制前后平台模型动力响应仿真结果的分析如表 9‑9~表 9‑11 所示。

表 9‑9　位移控制效果

工　况	响 应 方 向	位移响应均方差/m		减幅/(%)
		无　控	有　控	
R01	X	0.004 9	0.003 3	32.65
R02	Y	0.004 2	0.002 8	33.33

续 表

工 况	响 应 方 向	位移响应均方差/m		减幅/(%)
		无 控	有 控	
R03	X	0.006 4	0.004 2	34.38
I01	X	0.003 2	0.002 2	31.25
I02	Y	0.003 0	0.002 1	30.00
I03	X	0.002 5	0.001 8	28.00
	Y	0.001 6	0.001 1	31.25
I04	X	0.001 8	0.001 3	27.78
I05	X	0.002 4	0.001 7	29.17
平均值	—	—	—	30.87

表 9-10 速度减振效果

工 况	响 应 方 向	速度响应均方差/(m/s)		减幅/(%)
		无 控	有 控	
R01	X	0.021 1	0.013 9	34.12
R02	Y	0.017 9	0.011 7	34.53
R03	X	0.028 4	0.018 3	35.56
I01	X	0.045 0	0.031 8	29.33
I02	Y	0.044 6	0.031 6	29.15
I03	X	0.033 2	0.023 7	28.61
	Y	0.019 5	0.013 6	30.26
I04	X	0.025 6	0.018 1	29.30
I05	X	0.038 4	0.027 2	29.17
平均值	—	—	—	31.11

表 9-11 加速度减振效果

工 况	响 应 方 向	加速度响应均方差/(m/s²)		减幅/(%)
		无 控	有 控	
R01	X	0.102 6	0.062 6	38.99
R02	Y	0.087 0	0.053 2	38.85

续　表

工　况	响 应 方 向	加速度响应均方差/(m/s²)		减幅/(%)
		无　控	有　控	
R03	X	0.172 2	0.099 2	42.39
I01	X	0.112 8	0.079 3	29.70
I02	Y	0.112 1	0.079 8	28.81
I03	X	0.094 3	0.067 6	28.31
	Y	0.058 7	0.041 6	29.13
I04	X	0.064 1	0.045 9	28.39
I05	X	0.094 0	0.066 2	29.57
平均值	—	—	—	32.68

由以上数值模拟结果可以看出,本控制方法能够很好地控制海洋平台模型在波浪载荷作用下所产生的振动响应,且振动效果基本均能达到 30% 以上。因此,本方法理论上是可行的。

9.5　试验结果及分析

1) 动力响应试验结果及分析

规则波的试验结果以 R01 工况(波高 0.2 m,周期 1.5 s,浪向 X)为例,位移响应、速度响应及测点 1 的加速度响应测试结果如图 9-21~图 9-26 所示。

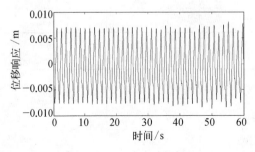

图 9-21　X 方向位移响应

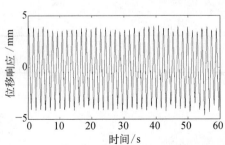

图 9-22　Y 方向位移响应

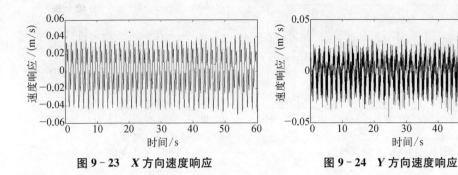

图 9‑23　X 方向速度响应　　　　　　图 9‑24　Y 方向速度响应

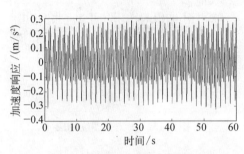

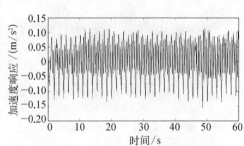

图 9‑25　1 号测点 X 方向加速度响应图　　图 9‑26　1 号测点 Y 方向加速度响应图

　　为了获得平台结构的频率特性,对该规则波工况下 1 号测点加速度响应时域响应信号进行频域响应分析,1 号测点的加速度频域响应如图 9‑27、图 9‑28 所示。

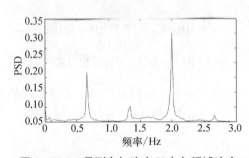

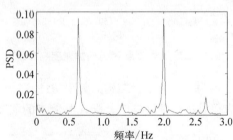

图 9‑27　1 号测点加速度 X 方向频域响应　　图 9‑28　1 号测点加速度 Y 方向频域响应

　　不规则波的试验结果以 I01 工况(波高 0.35 m,周期 2.3 s,浪向 X)和 I05 工况(波高 0.2 m,周期 1.7 s,浪向 X)为例。
　　I01 工况下平台结构的位移响应、速度响应及测点 1 加速度响应测试结果如图 9‑29～图 9‑34 所示。

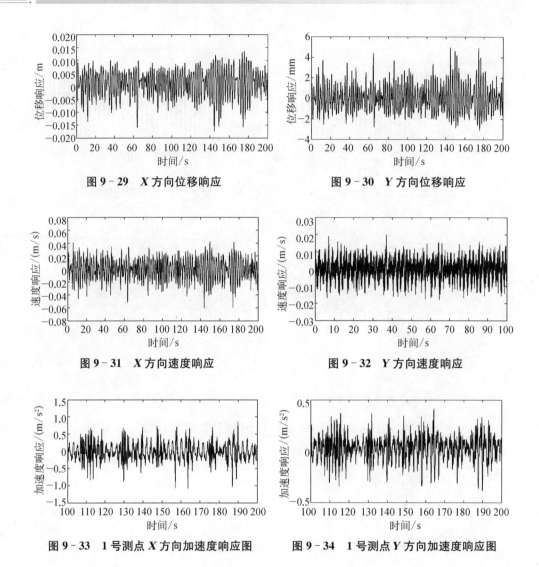

图 9 - 29　X 方向位移响应　　　　　图 9 - 30　Y 方向位移响应

图 9 - 31　X 方向速度响应　　　　　图 9 - 32　Y 方向速度响应

图 9 - 33　1 号测点 X 方向加速度响应图　　图 9 - 34　1 号测点 Y 方向加速度响应图

　　为了获得平台结构的频率特性,对该规则波工况下 1 号测点加速度响应时域响应信号进行频域响应分析,1 号测点的加速度频域响应如图 9 - 35～图 9 - 36 所示。

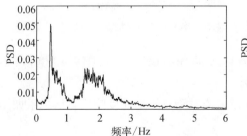

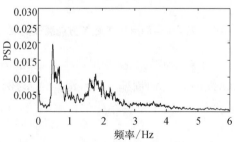

图 9 - 35　1 号测点加速度 X 方向频域响应　　图 9 - 36　1 号测点加速度 Y 方向频域响应

I05 工况下平台结构的位移响应、速度响应及测点 1 加速度响应测试结果如图 9-37～图 9-42 所示。

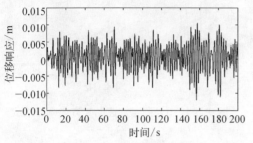

图 9-37　*X* 方向位移响应

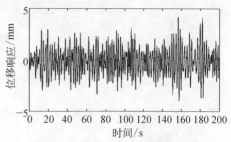

图 9-38　*Y* 方向位移响应

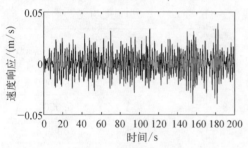

图 9-39　*X* 方向速度响应

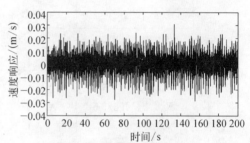

图 9-40　*Y* 方向速度响应

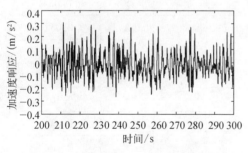

图 9-41　1 号测点 *X* 方向加速度响应图

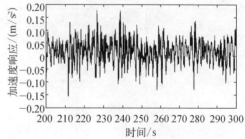

图 9-42　1 号测点 *Y* 方向加速度响应图

为了获得平台结构的频率特性,对该规则波工况下 1 号测点加速度响应时域响应信号进行频域响应分析,1 号测点的加速度频域响应如图 9-43、图 9-44 所示。

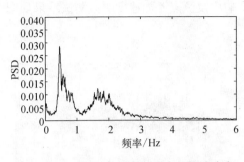

图 9-43　1 号测点加速度 X 方向频域响应

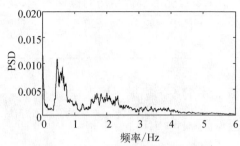

图 9-44　1 号测点加速度 Y 方向频域响应

各工况海洋平台模型的动力响应动力特性统计值见表 9-12。

表 9-12　各工况海洋平台模型的动力响应动力特性统计值

工况编号	位移响应		速度响应		加速度响应		
	方向	均方差/mm	方向	均方差/(m/s)	测点	方向	均方差/(m/s²)
R01	X	4.375 5	X	0.022 8	1	X	0.144 0
						Y	0.056 8
					2	X	0.144 4
						Y	0.056 9
	Y	2.363 7	Y	0.014 4	3	X	0.150 7
						Y	0.0547
R02	X	2.102 5	X	0.009 5	1	X	0.051 1
						Y	0.107 3
					2	X	0.045 6
						Y	0.101 1
	Y	4.084 0	Y	0.018 7	3	X	0.049 7
						Y	0.104 9
R03	X	7.147 1	X	0.034 0	1	X	0.198 4
						Y	0.074 0
					2	X	0.202 2
						Y	0.080 6
	Y	3.234 5	Y	0.017 4	3	X	0.207 3
						Y	0.072 8

工况编号	位移响应		速度响应		加速度响应		
	方向	均方差/mm	方向	均方差/(m/s)	测点	方向	均方差/(m/s²)
I01	X	2.070 5	X	0.012 2	1	X	0.119 1
						Y	0.054 6
					2	X	0.124 5
						Y	0.049 5
	Y	0.747 1	Y	0.006 4	3	X	0.125 7
						Y	0.056 7
I02	X	2.089 3	X	0.005 2	1	X	0.062 7
						Y	0.082 2
					2	X	0.063 5
						Y	0.082 5
	Y	1.914 7	Y	0.007 3	3	X	0.061 3
						Y	0.080 8
I03	X	1.484 8	X	0.004 8	1	X	0.056 6
						Y	0.088 7
					2	X	0.050 1
						Y	0.089 9
	Y	1.305 1	Y	0.007 6	3	X	0.054 4
						Y	0.086 3
I04	X	2.436 2	X	0.009 2	1	X	0.097 8
						Y	0.038 6
					2	X	0.100 9
						Y	0.035 2
	Y	0.970 9	Y	0.006 3	3	X	0.102 8
						Y	0.039 9

续　表

工况编号	位移响应		速度响应		加速度响应		
	方向	均方差/mm	方向	均方差/(m/s)	测点	方向	均方差/(m/s²)
I05	X	3.083 6	X	0.009 2	1	X	0.064 3
						Y	0.028 5
					2	X	0.067 0
						Y	0.025 3
	Y	1.059 0	Y	0.005 8	3	X	0.067 4
						Y	0.030 0

由频域分析结果可知,结构的振动主要集中在结构的一阶振动频率和波浪频率。

2) 磁流变阻尼器减振试验效果及分析

在测试平台动力响应基础上,安装磁流变阻尼减振器,进行减振效果模型试验。

试验最终测得利用磁流变阻尼器控制前后平台模型的位移响应、速度响应以及测点 1,2,3 的加速度响应值,并对测点 1,2,3 的加速度响应值进行了频响分析。

(1) 工况 R01(波高 0.2 m,周期 1.5 s,浪向 X)具体结果如图 9-45～图 9-48 所示。

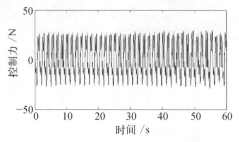

图 9-45　控制力

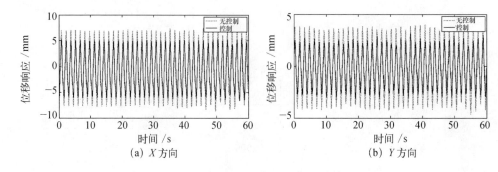

(a) X 方向　　　　　　　　　　　　(b) Y 方向

图 9-46　位移减振效果

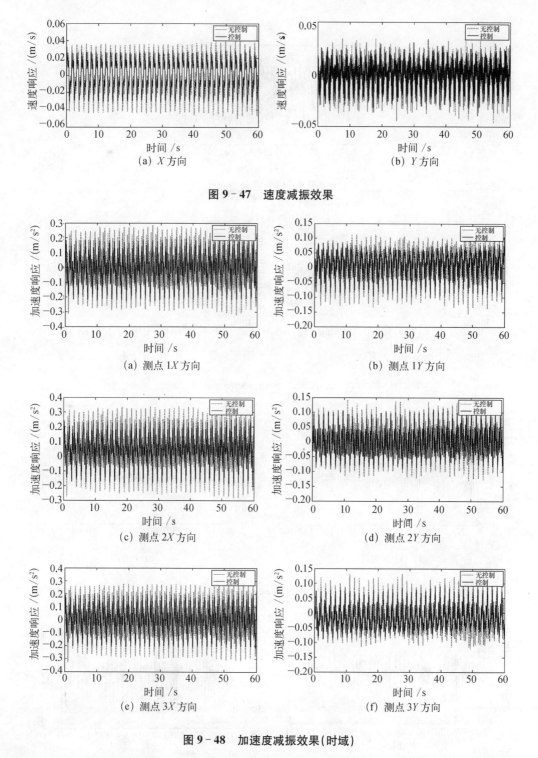

图 9‑47　速度减振效果

图 9‑48　加速度减振效果(时域)

(2) 工况 I01(有义波高 0.35 m,峰值周期 2.3 s,浪向 X)结果如图 9‑49～图

9 - 52所示。

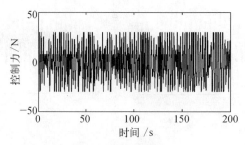

图 9 - 49　控制力

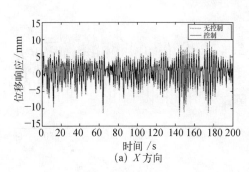

(a) X 方向

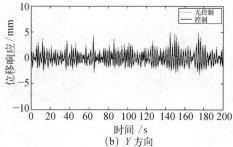

(b) Y 方向

图 9 - 50　位移减振效果

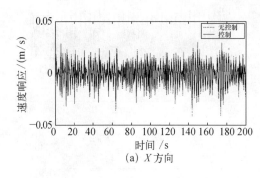

(a) X 方向

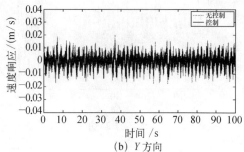

(b) Y 方向

图 9 - 51　速度减振效果

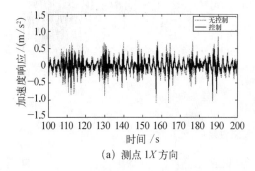

(a) 测点 $1X$ 方向

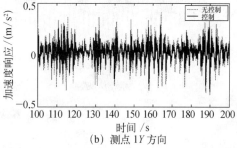

(b) 测点 $1Y$ 方向

(c) 测点 2X 方向　　(d) 测点 2Y 方向

(e) 测点 3X 方向　　(f) 测点 3Y 方向

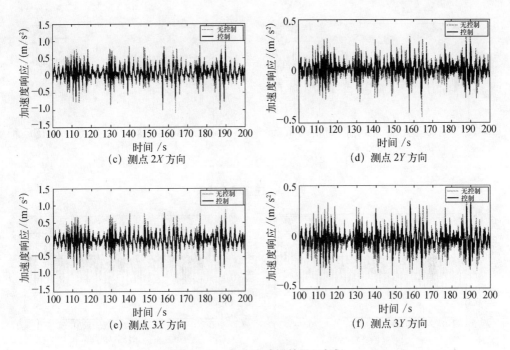

图 9-52　加速度减振效果(时域)

(3) 工况 I05(有义波高 0.2 m,峰值周期 1.7 s,浪向 X)结果如图 9-53～图 9-56 所示。

图 9-53　控制力

(a) X 方向　　(b) Y 方向

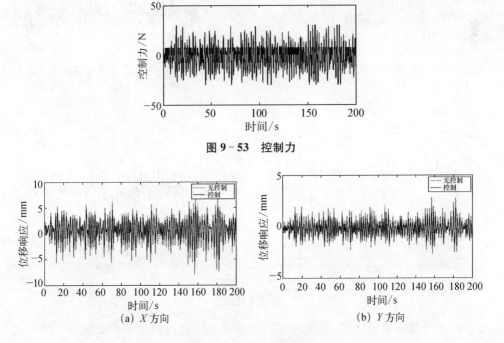

图 9-54　位移减振效果

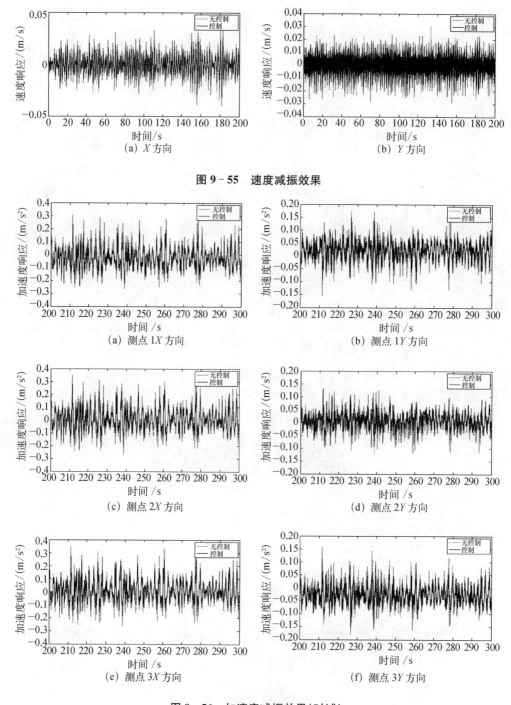

图 9‑55　速度减振效果

图 9‑56　加速度减振效果(时域)

各工况位移减振幅度、速度减振幅度和加速度减振幅度分别如表 9‑13～表 9‑15所示。

表 9－13　位移控制效果

工况编号	位移方向	均方差/mm		减振幅度/(%)
		控　前	控　后	
R01	X	4.375 5	3.180 2	27.32
	Y	2.363 7	1.786 5	24.42
R02	X	2.102 5	1.602 1	23.80
	Y	4.084 0	2.993 7	26.70
R03	X	7.147 1	5.139 8	28.09
	Y	3.234 5	2.371 6	26.68
I01	X	2.070 5	1.573 7	23.99
	Y	0.747 1	0.568 4	23.92
I02	X	2.089 3	1.589 1	23.94
	Y	1.914 7	1.461 2	23.68
I03	X	1.484 8	1.132 8	23.71
	Y	1.305 1	1.011 2	22.52
I04	X	2.436 2	1.899 3	22.04
	Y	0.970 9	0.759 0	21.83
I05	X	3.083 6	2.393 8	22.37
	Y	1.059 0	0.828 9	21.73
平均值	－	－	－	24.17

表 9－14　速度控制效果

工况编号	速度方向	均方差/(m/s)		减振幅度/(%)
		控　前	控　后	
R01	X	0.022 8	0.016 4	28.08
	Y	0.014 4	0.010 5	27.39
R02	X	0.009 5	0.006 9	27.22
	Y	0.018 7	0.013 4	28.28
R03	X	0.034 0	0.023 7	30.34
	Y	0.017 4	0.012 3	29.21

工况编号	速度方向	均方差/(m/s)		减振幅度/(%)
		控 前	控 后	
I01	X	0.012 2	0.009 2	24.59
	Y	0.006 4	0.004 9	23.44
I02	X	0.005 2	0.004 0	23.08
	Y	0.007 3	0.005 5	24.66
I03	X	0.004 8	0.003 7	22.92
	Y	0.007 6	0.005 8	23.68
I04	X	0.009 2	0.007 1	22.83
	Y	0.006 3	0.004 9	22.22
I05	X	0.009 2	0.007 0	23.91
	Y	0.005 8	0.004 5	22.41
平均值	–	–	–	25.27

表 9 - 15　加速度控制效果

工况编号	测点编号	方向	均方差/(m/s²)		减振幅度/(%)
			控 前	控 后	
R01	1	X	0.144 0	0.103 8	27.93
		Y	0.056 8	0.041 5	26.96
	2	X	0.144 4	0.103 8	28.13
		Y	0.056 9	0.041 0	28.03
	3	X	0.150 7	0.108 4	28.05
		Y	0.054 7	0.039 4	27.97
R02	1	X	0.051 1	0.037 2	27.20
		Y	0.107 3	0.077 5	27.82
	2	X	0.045 6	0.033 2	27.30
		Y	0.101 1	0.071 7	29.09
	3	X	0.049 7	0.036 2	27.16
		Y	0.104 9	0.075 7	27.85

续 表

工况编号	测点编号	方向	均方差/(m/s²)		减振幅度/(%)
			控 前	控 后	
R03	1	X	0. 198 4	0. 135 9	31. 48
		Y	0. 074 0	0. 051 6	30. 22
	2	X	0. 202 2	0. 137 1	32. 20
		Y	0. 080 6	0. 057 6	28. 60
	3	X	0. 207 3	0. 136 1	34. 37
		Y	0. 072 8	0. 049 3	32. 28
I01	1	X	0. 119 1	0. 088 3	25. 86
		Y	0. 054 6	0. 041 4	24. 20
	2	X	0. 124 5	0. 091 0	26. 95
		Y	0. 049 5	0. 036 9	25. 45
	3	X	0. 125 7	0. 092 0	26. 82
		Y	0. 056 7	0. 042 1	25. 84
I02	1	X	0. 062 7	0. 046 7	25. 46
		Y	0. 082 2	0. 060 7	26. 17
	2	X	0. 063 5	0. 047 0	26. 06
		Y	0. 082 5	0. 059 1	28. 38
	3	X	0. 061 3	0. 045 2	26. 26
		Y	0. 080 8	0. 058 2	27. 93
I03	1	X	0. 056 6	0. 039 3	30. 50
		Y	0. 088 7	0. 062 6	29. 43
	2	X	0. 050 1	0. 034 9	30. 27
		Y	0. 089 9	0. 063 5	29. 37
	3	X	0. 054 4	0. 038 0	30. 15
		Y	0. 086 3	0. 061 1	29. 22
I04	1	X	0. 097 8	0. 073 8	24. 50
		Y	0. 038 6	0. 029 5	23. 58
	2	X	0. 100 9	0. 076 7	23. 95
		Y	0. 035 2	0. 027 1	23. 15

续　表

工况编号	测点编号	方向	均方差/(m/s²)		减振幅度/(%)
			控　前	控　后	
I04	3	X	0.102 8	0.078 1	24.03
		Y	0.039 9	0.030 6	23.21
I05	1	X	0.064 3	0.047 8	25.74
		Y	0.028 5	0.021 7	23.73
	2	X	0.067 0	0.049 7	25.84
		Y	0.025 3	0.019 0	24.90
	3	X	0.067 4	0.050 3	25.45
		Y	0.030 0	0.022 7	24.37
平均值	—	—	—	—	27.28

表 9-13～表 9-15 计算结果表明基于 B-P 神经网络的磁流变半主动控制系统能够对在波浪载荷作用下的平台试验模型的振动响应进行有效的控制,减振效果比较明显。其中,各种工况下位移的平均减振幅度达到 24.17%,速度的平均减振幅度达到 25.27%,加速度的平均减振幅度达到 27.28%,这说明本控制系统对加速度响应的控制效果最好。

对比不同工况下的减振幅度发现:波高越大、周期越小,即波浪载荷越大、结构动力响应越剧烈时,本控制方法的减振效果越好。这与阻尼器的出力特点有关,因为阻尼器对剧烈的响应比较敏感,故结构响应大时阻尼器对结构动力响应的阻碍程度更大。

对比不同浪向下结构的减振幅度发现:结构沿波浪方向的动力响应减振效果更好。这主要是因为沿波浪方向的结构动力响应是因为波浪对结构的作用力而产生的,而垂直于波浪方向的结构动力响应是由结构沿浪向方向响应的排挤作用以及波浪因为结构的存在而发生的变形所引起的,在理想情况下不会存在垂直于波浪传播方向的结构响应,试验所设计的控制系统是根据理想情况设计的,故沿波浪传播方向的结构振动响应的控制效果较好。

对比数值模拟与模型试验发现:两者的结果基本吻合,但是模型试验中结构的振动幅度大于数值模拟时的振动幅度,这主要是由于波浪力的计算值与实际情况本身存在一定的差别,且数值模拟的是理想状况,而在实际模型试验中,生成的波浪作用于平台时会产生抨击现象,使平台结构产生瞬时的、极大的响应。对于减振效果,模型试验中的减振幅度小于数值模拟时的减振幅度,大约减小了 5% 左右,这主要是由控制系统的时滞现象引起的。

另外,结构在规则波作用下的减振幅度大于结构在不规则波作用下的减振幅度。

为了研究结构各个方向的频率特性,对测点 1,2,3 测得的加速度信号进行了频域分析,限于篇幅,此处只给出了工况 R01、I01 和 I05 下的结果。

(1) 工况 R01(波高 0.2 m,周期 1.5 s,浪向 X)的结果如图 9-57 所示。

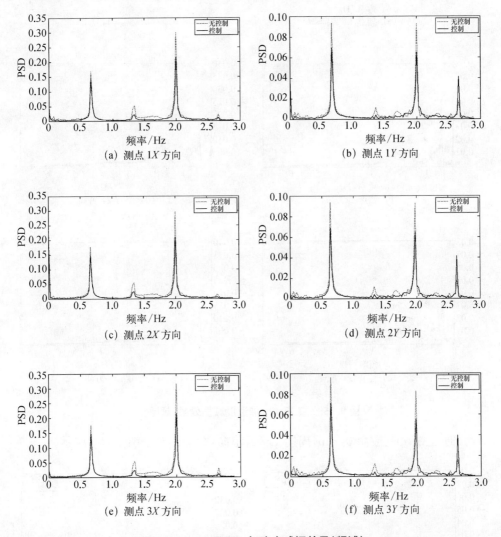

(a) 测点 1X 方向   (b) 测点 1Y 方向

(c) 测点 2X 方向   (d) 测点 2Y 方向

(e) 测点 3X 方向   (f) 测点 3Y 方向

图 9-57 工况 R01 加速度减振效果(频域)

(2) 工况 I01(波高 0.35 m,周期 2.3 s,浪向 X)的结果如图 9-58 所示。

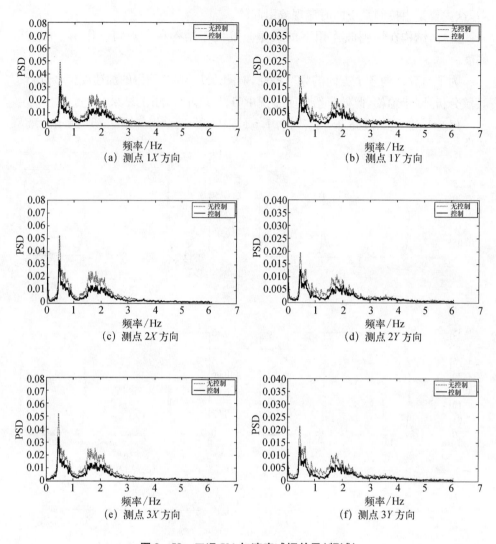

图 9–58　工况 I01 加速度减振效果(频域)

(3) 工况 I05(波高 0.2 m,周期 1.7 s,浪向 X)的结果如图 9–59 所示。

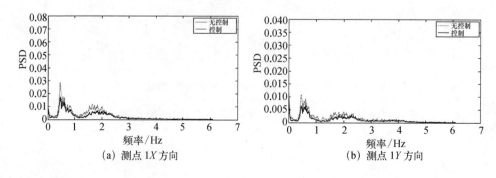

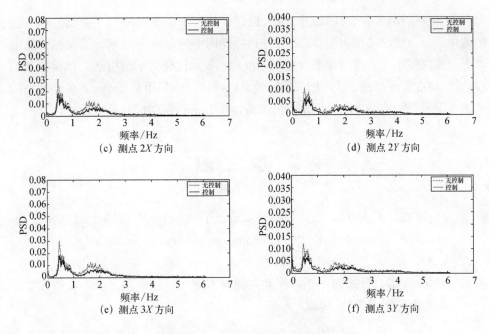

图 9-59　加速度减振效果(频域)

加速度响应的频域分析结果显示：

(1) 对于规则波，由于频率成分简单，因此频域响应的各个峰值明显。以工况 R01 为例，在 X 方向，结构振动主要集中在 0.66 Hz 和 2 Hz 这两个频率，其中，第一个频率为波浪的频率，第二个频率为结构的一阶固有频率，试验结果与实际情况较吻合。在 Y 方向，由于振动是由 X 方向的振动引起，故频响的总体趋势一致，但是在 2.7 Hz 左右出现了一个小的峰值，且在安装阻尼器后此峰值有所增大，经分析，该现象的原因可能是：此峰值反应的是阻尼器与结构连接装置的局部振动，安装阻尼器之后使得这一振动变得更为剧烈，因此反应为在该峰值处的加强。对比控制前后的频域响应可以发现，在利用本书所设计的振动控制系统对结构进行控制后，结构的频率响应有所降低，且降低幅度比较可观。

(2) 对于不规则波，由于频率成分复杂，因此频域分析结果包含许多连续的小的峰值，但是对结果进行滤波处理后，结构频域响应的总体趋势仍然明显。以工况 I01 为例，在 X 方向，结构的响应仍然集中在波浪频率(0.4 Hz)和结构一阶固有频率(2 Hz)，与规则波频响分析结果一致，在 Y 方向亦如此。

9.6　试　验　结　论

本模型试验主要目的是以模型试验的方式，通过对比深水自升式海洋平台模型控制前后结构动力响应的减少程度,以此来检验本书所提出的半主动控制方法的减振效果。试验结果表明:基于 B-P 神经网络的磁流变阻尼智能控制方法能够有效控制深水自升式海洋平台在规则波和不规则波作用下所引起的结构振动响应,减振幅度能够达到 25% 以上,控制效果可观,因此,利用基于 B-P 神经网络的磁流变阻尼智能控制方法对深水自升式海洋平台进行振动控制是可行的。

参 考 文 献

[1] H. J. Li, S. J. Hu, T. Tomostsuka. The optimal design of TMD for offshore structures [J]. China Ocean Engineering, 1999, 13 (2): 133-144.

[2] 刘聪.深水自升式海洋平台振动控制技术研究[D].江苏:江苏科技大学船舶与海洋工程学院,2012.

附　　录

附录 A　导管架平台试验模型结构图

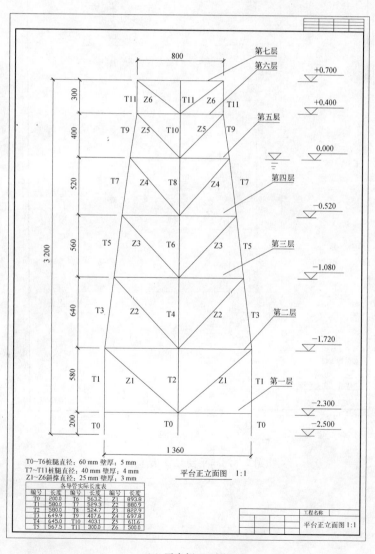

（a）平台侧正面图

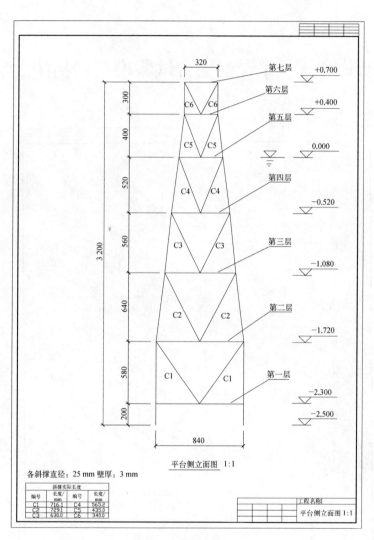

各斜撑直径: 25 mm 壁厚: 3 mm

斜撑实际长度			
编号	长度/mm	编号	长度/mm
C1	716.1	C4	565.2
C2	729.1	C5	435.0
C3	630.0	C6	340.0

平台侧立面图 1:1

(b) 平台侧立面图

附图 1　海洋平台 CAD 结构图

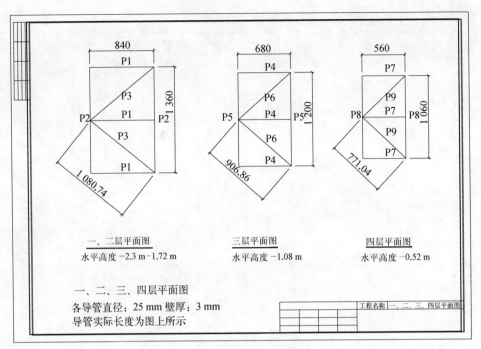

（a）海洋平台 CAD 结构图 1

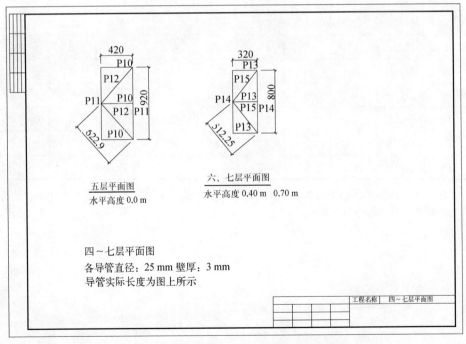

（b）海洋平台 CAD 结构图 2

附图 2　平台 CAD 结构图

附表 1　构件尺寸表

参数编号	长度/mm	直径/cm	厚度/mm	个数	参数编号	长度/mm	直径/cm	壁厚/mm	个数
P1	840.0	2.5	3	6	T5	567.5	6	5	4
P2	1 360.0	2.5	3	4	T6	563.2	6	5	2
P3	1 080.7	2.5	3	4	T7	529.3	4	3	4
P4	680.0	2.5	3	3	T8	524.7	4	3	2
P5	1 200.0	2.5	3	2	T9	407.6	4	3	4
P6	906.8	2.5	3	2	T10	403.1	4	3	2
P7	560.0	2.5	3	3	T11	300.0	4	3	6
P8	1 060.0	2.5	3	2	Z1	893.8	2.5	3	4
P9	771.1	2.5	3	2	Z2	880.9	2.5	3	4
P10	420.0	2.5	3	3	Z3	822.9	2.5	3	4
P11	920.0	2.5	3	2	Z4	697.8	2.5	3	4
P12	622.9	2.5	3	2	Z5	611.6	2.5	3	4
P13	320.0	2.5	3	6	Z6	500.0	2.5	3	4
P14	800.0	2.5	3	4	C1	716.1	2.5	3	4
P15	512.3	2.5	3	4	C2	729.1	2.5	3	4
T0	200.0	6	5	6	C3	630.0	2.5	3	4
T1	580.0	6	5	4	C4	565.2	2.5	3	4
T2	580.0	6	5	2	C5	435.0	2.5	3	4
T3	649.9	6	5	4	C6	340.0	2.5	3	4
T4	645.0	6	5	2					

　　注：编号 P 表示平面构件，T 表示桩腿，Z 表示正里面斜撑构件，C 表示侧立图中斜撑构件，各构件编号如平台结构图中所示。

附录 B　自升式平台试验模型结构图

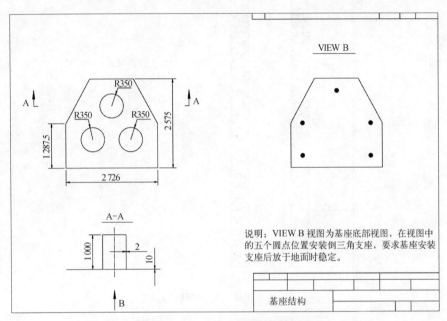

附图 3　自升式平台基座模型示意图

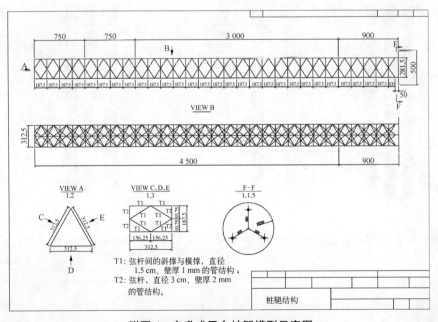

附图 4　自升式平台桩腿模型示意图

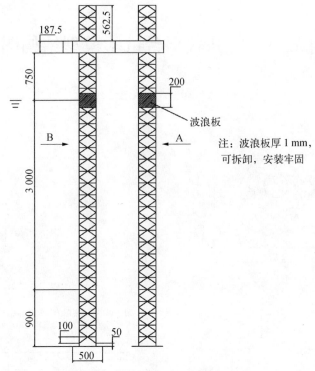

附图 5 自升式平台波浪板模型示意图

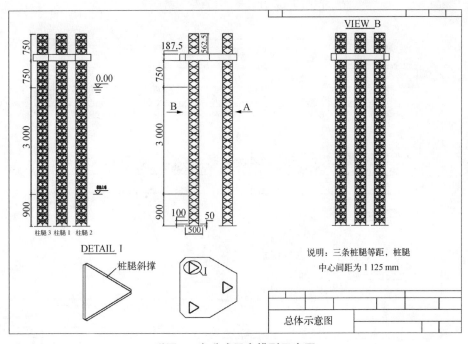

附图 6 自升式平台模型示意图

索　引